Ettore Minguzzi
DIPARTIMENTO DI MATEMATICA E INFORMATICA "U.DINI"
UNIVERSITÀ DEGLI STUDI DI FIRENZE

TEMI D'ESAME DI MECCANICA RAZIONALE

ISBN: 9798861603393
Copyright © Ettore Minguzzi, 2023
Copertina ad opera dell'autore

Indice

1 Esercizi d'esame non risolti   **1**
    1.1 Esame 1 1
    1.2 Esame 2 3
    1.3 Esame 3 5
    1.4 Esame 4 6
    1.5 Esame 5 8
    1.6 Esame 6 9
    1.7 Esame 7 10

2 Esercizi d'esame: 2011–2012   **13**
    2.1 Esame 1: 10 gennaio 2012 13
    2.2 Esame 4: 13 giugno 2012 17

3 Esercizi d'esame: 2012–2013   **23**
    3.1 Esame 4: 11 giugno 2013 23
    3.2 Esame 5: 26 giugno 2013 29

4 Esercizi d'esame: 2015–2016   **35**
    4.1 Esame 3: 26 febbraio 2016 35
    4.2 Esame 4: 6 giugno 2016 39
    4.3 Esame 7: 14 settembre 2016 42

5 Esercizi d'esame: 2017–2018   **45**
    5.1 Esame 1: novembre-dicembre 2017 45
    5.2 Esame 2: 9 gennaio 2018 53
    5.3 Esame 3: 24 gennaio 2018 56
    5.4 Esame 4: 21 febbraio 2018 60
    5.5 Esame 5: 21 giugno 2018 65
    5.6 Esame 6: 11 luglio 2018 67

6 Esercizi d'esame: 2020–2021 — 71
- 6.1 Esame 1: 12 gennaio 2021 71
- 6.2 Esame 2: 9 febbraio 2021 75
- 6.3 Esame 3: 23 febbraio 2021 81
- 6.4 Esame 4: 6 aprile 2021 85
- 6.5 Esame 5: 22 giugno 2021 89
- 6.6 Esame 6: 13 luglio 2021 94
- 6.7 Esame 7: 7 settembre 2021 96

7 Esercizi d'esame: 2021–2022 — 101
- 7.1 Esame 1: 11 gennaio 2022 101
- 7.2 Esame 2: 8 febbraio 2022 107
- 7.3 Esame 3: 22 febbraio 2022 112
- 7.4 Esame 4: 19 aprile 2022 118
- 7.5 Esame 5: 21 giugno 2022 122
- 7.6 Esame 6: 12 luglio 2022 126
- 7.7 Esame 7: 9 settembre 2022 130

8 Esercizi d'esame: 2022–2023 — 135
- 8.1 Esame 1: novembre-dicembre 2022 135
- 8.2 Esame 2: 27 gennaio 2023 141
- 8.3 Esame 3: 21 febbraio 2023 145
- 8.4 Esame 4: 4 aprile 2023 150
- 8.5 Esame 5: 13 giugno 2023 154
- 8.6 Esame 6: 5 luglio 2023 157
- 8.7 Esame 7: 12 settembre 2023 161

Prefazione

Questo libro raccoglie alcuni esercizi di *Meccanica Razionale* ed è da intendersi come compendio al libro di teoria. L'autore ha preparato questi esercizi per gli esami del corso di *Meccanica Razionale*, corso tenuto negli anni 2007-2023, e rivolto agli studenti della triennale di Ingegneria Meccanica e Ingegneria Gestionale dell'ateneo fiorentino.

Gli esercizi hanno una difficoltà abbastanza elevata ma lo spettro degli argomenti trattati negli stessi è un po' limitato. La logica dietro a tale scelta è la seguente: gli esercizi devono essere sufficientemente complessi al fine di formare nello studente un'attitudine alla risoluzione dei problemi. Molto spesso è più importante acquisire una certa caparbietà nella risoluzione dei problemi piuttosto che ampliare la propria base di conoscenza. Questo perché un'attitudine positiva verso le difficoltà è spendibile in situazioni molto diverse, anche se si è formata nello studio di un campo specifico. D'altra parte, non possiamo aspettarci dallo studente la capacità di dominare ogni direzione del vasto campo della meccanica razionale. Ne consegue che alcuni argomenti sono necessariamente non sondati dagli esercizi. Si intende che l'esame orale dovrebbe verificare l'assenza di lacune nelle direzioni rimanenti.

Per scelta, dunque, gli esercizi tendono a verificare la capacità di risolvere problemi nel campo della geometria delle masse e della meccanica lagrangiana. Questi sono anche i sottocampi in cui è più semplice concepire esercizi di un certo interesse. La maggior parte degli esercizi qui presentati sono stati proposti prima di essere risolti. Per questo le soluzioni possono essere numericamente non semplici. Le soluzioni, quando riportate, non sono sempre complete, in quanto le parti più algoritmiche delle soluzioni sono state spesso omesse (per esempio nello studio delle piccole oscillazioni).

Come conseguenza di quanto accennato sopra, lo studente deve tenere presente che è normale avere delle difficoltà nel risolvere questi esercizi, particolarmente senza aver seguito le esercitazioni in classe.

Vorrei qui scoraggiare gli studenti che intendano studiare "sugli esercizi", così operando una specie di "reverse engineering" per cui si cerca di evitare la teoria cercando di capire cosa fare dagli esempi qui proposti. Questo è ovviamente un approccio sbagliato. Il libro di esercizi serve a consolidare quanto appreso nella teoria. Invertire l'ordine logico nell'apprendimento porta a 'bruciarsi' gli esercizi, azzerando la loro valenza didattica.

Firenze, settembre 2023

Ettore Minguzzi

Convenzioni

Per semplicità tutte le molle considerate negli esercizi hanno lunghezza a riposo nulla. L'energia potenziale in genere ci interessa a meno di una costante.

1. Esercizi d'esame non risolti

1.1 Esame 1

Esercizio 1

Tre cilindri pieni omogenei di raggi r, $2r$ e r, tutti di massa m, sono posti a contatto tra loro come in figura. Gli assi dei due cilindri più piccoli sono vincolati a rimanere ad una distanza $3r$. Tra tutte le superfici di contatto c'è rotolamento puro ed è data la velocità iniziale del cilindro grande.

(a) Determinare la base e la rulletta per tutti e tre i cilindri.

(b) Determinare l'energia cinetica iniziale in funzione di m, r e v_0.

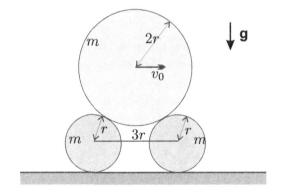

Esercizio 2

È dato un corpo rigido formato da un disco di raggio $4r$ a cui sono stati praticati due buchi di raggo $r = 1$cm. Il corpo ha una massa $m = 1$kg.

(a) Calcolare la matrice d'inerzia del corpo rigido rispetto agli assi disegnati in figura.

(b) Determinare gli assi e i momenti d'inerzia principali.

(c) Supponiamo che l'oggetto abbia ad una dato istante la velocità angolare $\boldsymbol{\omega} = (\boldsymbol{i} + 2\boldsymbol{j} + 3\boldsymbol{k})s^{-1}$, calcolare il momento angolare $\boldsymbol{L}$ e l'energia cinetica T in unità del SI per lo stesso istante.

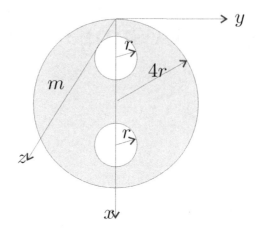

Esercizio 3

Due cilindri di massa m e raggio r, uno cavo e uno pieno omogeneo, sono collegati da una molla di costante elastica k. Sono quindi posti su un cuneo il cui angolo al vertice rispetto alla verticale è $30°$. Il rotolamento tra tutte le superfici a contatto è puro, ed è necessario tener conto dell'accelerazione di gravità $\boldsymbol{g} = -g\boldsymbol{k}$.

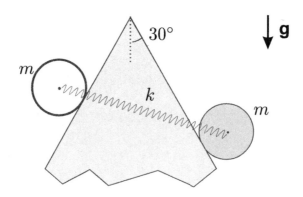

(a) Introdurre coordinate generalizzate.

(b) Scrivere l'energia cinetica e l'energia potenziale in funzione delle stesse.

(c) Determinare i punti di equilibrio.

(d) Determinare le frequenze proprie e i modi propri del moto intorno al punto di equilibrio.

1.2 Esame 2

Esercizio 1

Due cilindri pieni omogenei di raggi $2r$ e r, entrambi di massa m, sono posti a contatto tra loro e con un piano orizzontale. Tra tutte le superfici di contatto c'è rotolamento puro eccetto tra il cilindro piccolo e il piano orizzontale nel qual caso c'è scivolamento. La velocità iniziale del cilindro grande è data.

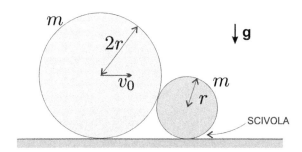

(a) Determinare la base e la rulletta sia per il cilindro grande che per quello piccolo.

(b) Determinare l'energia cinetica iniziale in funzione di m, r e v_0.

Esercizio 2

È dato un corpo rigido formato da due piastre quadrate omogenee di lato $l = 1$ cm e massa $m = 10$ g ciascuna.

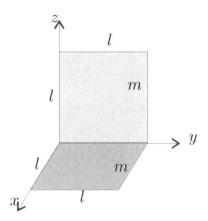

(a) Calcolare la matrice di inerzia dell'intero sistema rispetto agli assi disegnati in figura.

(b) Determinare gli assi e i momenti di inerzia principali.

(c) Supponiamo che l'oggetto abbia ad una dato istante la velocità angolare $\boldsymbol{\omega} = (\boldsymbol{i} + \boldsymbol{j} + \boldsymbol{k})$ s^{-1}, calcolare il momento angolare $\mathbf{L}$ e l'energia cinetica T in unità del SI per lo stesso istante.

Esercizio 3

Sono dati due punti materiali di massa m collegati da una molla di lunghezza a riposo nulla e costante elastica k. Un punto materiale è vincolato a muoversi su una circonferenza mentre l'altro punto materiale è vincolato a muoversi lungo una retta al di sotto della circonferenza. Il problema è bidimensionale e si considera anche l'azione di un campo gravitazionale costante $\boldsymbol{g} = -g\boldsymbol{k}$. Per semplificare il problema si assuma $g/r = k/m$.

(a) Scrivere l'energia potenziale e l'energia cinetica in funzione di coordinate generalizzate e delle loro derivate.

(b) Trovare frequenze e modi propri.

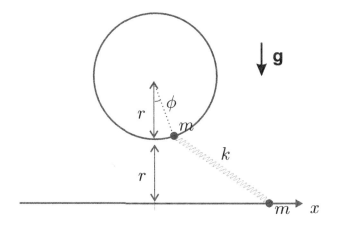

1.3 Esame 3

Esercizio 1

Si considerino due piastre di massa m aventi forma di triangolo rettangolo isoscele di cateto l disposte come in figura.

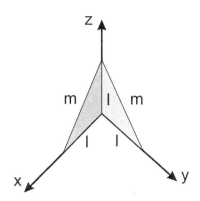

(a) Trovare la matrice d'inerzia.

(b) Trovare momenti e assi principali d'inerzia.

(c) Sia $m = 0,03$kg e $l = 3$dm. Supponiamo che a un dato istante $\boldsymbol{\omega} = (\boldsymbol{i}-\boldsymbol{j}+\boldsymbol{k})\,\text{s}^{-1}$, quanto valgono $\mathbf{L}$ e T?

Esercizio 2

Si consideri il sistema meccanico in figura composto da un punto materiale di massa m e un'asta di massa m. Il punto si muove su una guida e l'asta è incernierata in A. Il quadrato tratteggiato serve come riferimento geometrico. Le molle hanno costante elastica k. Supporre che valga la relazione $mg = lk$.

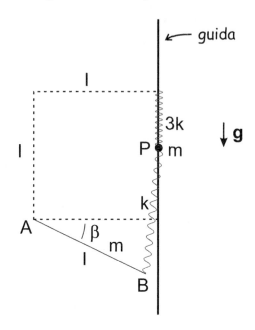

(a) Introdurre coordinate generalizzate.

(b) Scrivere T e V.

(c) Scrivere un'equazione di Lagrange.

(d) Discutere punti di equilibrio e stabilità.

(e) Trovare modi e frequenze normali delle piccole oscillazioni.

1.4 Esame 4

Esercizio 1

(a) Trovare la matrice d'inerzia.

(b) Trovare momenti e assi principali d'inerzia.

(c) Sia $m = 20$g e $l = 4$cm. Supponiamo che a un dato istante $\boldsymbol{\omega} = (\boldsymbol{i} + 2\boldsymbol{j} + 3\boldsymbol{k})$ s^{-1}, quanto valgono $\mathbf{L}$ e T?

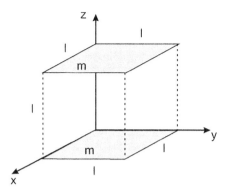

Esercizio 2

Sono dati due cerchi di massa m e raggio r disposti come in figura. Il disco 2 è appoggiato a un piano orizzontale su cui scivola mentre il disco 1 è appoggiato al primo e alla parete e su entrambi i contatti c'è rotolamento puro. Come coordinata generalizzata si può usare l'angolo α che forma la congiungente dei centri con l'orizzontale.

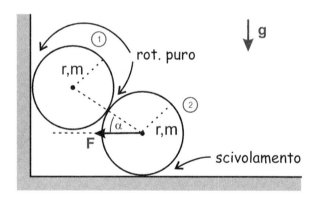

(a) Applichiamo una forza $\boldsymbol{F}$ al centro del disco 2 in modo che si abbia equilibrio. Determinare la forza $\boldsymbol{F}$ (usare il principio dei lavori virtuali).

(b) Determinare i centri di istantanea rotazione. Se ω_1 è la velocità angolare del primo disco, quanto vale ω_2?

(c) Scrivere T, V e equazioni di Lagrange.

[Soluzione: (a) $F = mg/\tan\alpha$, (b) $\omega_2 = \omega_1(1+\cos\alpha)/\cos\alpha$]

1.5 Esame 5

Esercizio 1

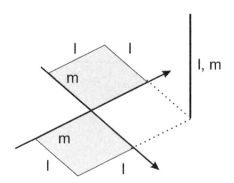

(a) Trovare la matrice d'inerzia.

(b) Trovare momenti e assi principali d'inerzia.

(c) Sia $m = 10$g e $l = 2$cm. Supponiamo che a un dato istante $\boldsymbol{\omega} = (\boldsymbol{i} + \boldsymbol{j} - \boldsymbol{k})\ \text{s}^{-1}$, quanto valgono $\mathbf{L}$ e T?

Esercizio 2

È dato il sistema in figura costituito da un punto materiale P di massa m vincolato a scorrere su un'asta di massa m e lunghezza $2l$ che a sua volta è libera di ruotare intorno alla sua estremità A. Una molla è collegata al punto e il quadrato tratteggiato serve a chiarire la posizione geometrica dell'altra estremità della molla.

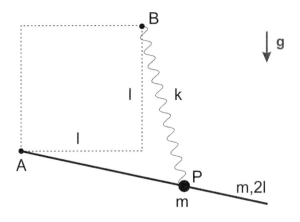

(a) Introdurre coordinate generalizzate e scrivere T e V.

(b) Scrivere un'equazione di Lagrange per una coordinata a scelta.

(c) Determinare i punti stazionari e discuterne la stabilità.

(d) Determinare modi e pulsazioni principali delle piccole oscillazioni.

1.6 Esame 6

Esercizio 1

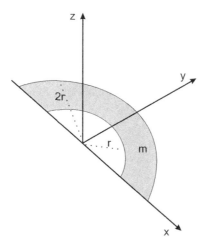

(a) Trovare la matrice d'inerzia.

(b) Trovare momenti e assi principali d'inerzia.

(c) Sia $m = 1$kg e $r = 1$cm. Supponiamo che a un dato istante $\boldsymbol{\omega} = (\boldsymbol{j} + \boldsymbol{k})$ s^{-1}, quanto valgono $\mathbf{L}$ e T?

Esercizio 2

Un punto materiale di massa m è vincolato a stare sulla curva di equazione $y = \frac{x^2}{r} + \frac{x^4}{r^3}$ dove r è una costante delle dimensioni di una lunghezza. Una molla collega il punto materiale al centro di un disco di massa m e raggio r vincolato a rotolare su un piano orizzontale. Per semplificare i conti si supponga valida l'identità $kr = mg$.

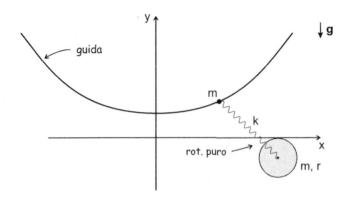

(a) Introdurre coordinate generalizzate e scrivere T e V.

(b) Scrivere un'equazione di Lagrange per una coordinata a scelta.

(c) Determinare i punti stazionari e discuterne la stabilità.

(d) Determinare modi e pulsazioni principali delle piccole oscillazioni.

1.7 Esame 7

Esercizio 1

Si consideri il sistema in figura.

(a) Trovare la matrice d'inerzia.

(b) Trovare momenti e assi principali d'inerzia.

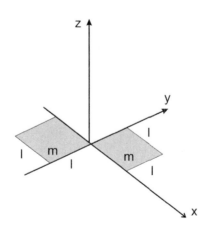

Esercizio 2

Un anello di massa m ha il centro vincolato a stare su una guida verticale. Un punto P dell'anello è collegato con una molla di costante elastica k a un punto della guida.

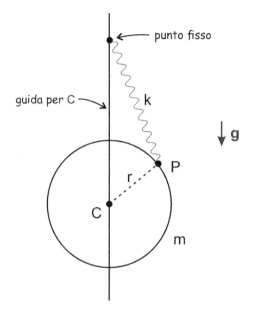

(a) Introdurre coordinate generalizzate e scrivere T e V.

(b) Scrivere le equazioni di Lagrange.

(c) Determinare i punti stazionari e discuterne la stabilità.

(d) Determinare modi e pulsazioni principali delle piccole oscillazioni.

2. Esercizi d'esame: 2011–2012

2.1 Esame 1: 10 gennaio 2012

Esercizio 1

1. Due quarti di corona circolare, di raggio interno r ed esterno $2r$, ciascuno omogeneo e di massa m, sono disposti come in figura.

    a) Determinare la matrice d'inerzia.

    b) Determinare una simmetria de sistema (suggerimento: due riflessioni rispetto a piani ortogonali sono equivalenti a una rotazione di π intorno all'asse individuato dall'intersezione dei piani di riflessione). Tenendo a mente l'ellissoide d'inerzia individuare un asse principale.

    c) Determinare momenti e assi principali d'inerzia.

    d) Quanto valgono l'energia cinetica T e il momento angolare $\boldsymbol{L}$ se $m = 100g$, $r = 1cm$ e all'istante considerato $\boldsymbol{\omega} = (\boldsymbol{i} + 2\boldsymbol{j} + 3\boldsymbol{k})s^{-1}$?

   Eventuali π che compaiano nei calcoli vanno portati dietro e non approssimati.

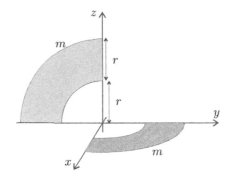

Esercizio 2

Su un piano *orizzontale* sono introdotte coordinate cartesiane x,y. Sul piano giacciono due guide paraboliche, rispettivamente di equazioni $y = \frac{1}{2d}x^2$ e $y = -d - \frac{1}{2d}x^2$. Su ciascuna guida si muove senza attrito un punto materiale di massa m. I due punti materiali sono collegati da una molla di costante elastica k e lunghezza a riposo trascurabile.

a) Introdurre coordinate generalizzate e scrivere l'energia cinetica e potenziale.

b) Determinare i punti d'equilibrio.

c) Calcolare le pulsazioni e i modi principali delle piccole oscillazioni. Come si scrive la più generale soluzione del moto per piccole ampiezze di oscillazione?

Suluzione esercizio 1

Consideriamo l'intera corona circolare e sia ρ la densità. La massa esterna è $M_e = \rho \pi 4r^2$, quella interna $M_i = \rho\pi r^2$, quella della corona $M_c = \rho\pi 3r^2$ e quella di un quarto di corona $m = \frac{3}{4}\pi\rho r^2$, quindi $M_e = \frac{16}{3}m$ e $M_i = \frac{4}{3}m$. Il momento d'inerzia dell'intera corona circolare rispetto all'asse di simmetria è

$$I_c = \frac{1}{2}[M_e(2r)^2 - M_i r^2] = 10mr^2$$

Ne segue che il momento d'inerzia rispetto a un asse perpendicolare al piano che contiene un quarto di corona è $\frac{5}{2}mr^2$. Rispetto invece a un asse passante per un lato del quarto di corona si ha, per il teorema dei sistemi piani, $\frac{5}{4}mr^2$.

Il momento centrifugo non nullo è

$$-\sum_i m_i x_i y_i = -\rho \int_r^{2r} s^3 ds \int_0^{\pi/2} \cos\theta \sin\theta d\theta = -\frac{15}{16}\rho r^4 \int_0^\pi \sin\alpha d\alpha$$
$$= -\frac{15}{8}\rho r^4 = -\frac{5}{2\pi}mr^2$$

La matrice d'inerzia è

$$\frac{5}{4\pi}mr^2 \begin{pmatrix} \pi & -2 & 0 \\ -2 & \pi & 0 \\ 0 & 0 & 2\pi \end{pmatrix} + \frac{5}{4\pi}mr^2 \begin{pmatrix} 2\pi & 0 & 0 \\ 0 & \pi & 2 \\ 0 & 2 & \pi \end{pmatrix} = \frac{5}{4\pi}mr^2 \begin{pmatrix} 3\pi & -2 & 0 \\ -2 & 2\pi & 2 \\ 0 & 2 & 3\pi \end{pmatrix}$$

Si noti che si può portare un quarto di corona nell'altro facendo seguire la riflessione $y \to -y$ alla riflessione rispetto a un piano che biseca il piano xz (e ne scambia gli assi). L'intersezione di questi due piani individua il vettore $(1,0,1)^T$. Poiché i due piani si incontrano perpendicolarmente ne segue che una rotazione di 180° rispetto a tale vettore manda il corpo in se stesso (questa è l'unica simmetria del sistema). Dunque tale vettore deve individuare un asse principale e moltiplicandolo per la matrice possiamo subito trovarne il relativo autovalore (confermeremo tutto questo in altro modo a breve).

Sia $p(\lambda)$ il polinomio caratteristico di $\begin{pmatrix} 3\pi & -2 & 0 \\ -2 & 2\pi & 2 \\ 0 & 2 & 3\pi \end{pmatrix}$, allora

$$p(\lambda) = (3\pi - \lambda)^2(2\pi - \lambda) - 8(3\pi - \lambda)$$
$$= (3\pi - \lambda)[(3\pi - \lambda)(2\pi - \lambda) - 8] = (3\pi - \lambda)[\lambda^2 - 5\pi\lambda + (6\pi^2 - 8)]$$

quindi gli autovalori sono

$$\lambda_{1,2} = \frac{1}{2}[5\pi \pm \sqrt{\pi^2 + 32}],$$
$$\lambda_3 = 3\pi$$

e i corrispondenti momenti principali d'inerzia si ottengono per moltiplicazione per il fattore $\frac{5}{4\pi}mr^2$. Gli assi principali sono individuati dagli autovettori

$$v_1 = \begin{pmatrix} \frac{2}{3\pi-\lambda_1} \\ 1 \\ -\frac{2}{3\pi-\lambda_1} \end{pmatrix}, v_2 = \begin{pmatrix} \frac{2}{3\pi-\lambda_2} \\ 1 \\ -\frac{2}{3\pi-\lambda_2} \end{pmatrix}, v_3 = \begin{pmatrix} 1 \\ 0 \\ 1 \end{pmatrix}$$

Il momento angolare vale

$$\vec{L} = \frac{5}{4\pi}10^{-5} \begin{pmatrix} 3\pi & -2 & 0 \\ -2 & 2\pi & 2 \\ 0 & 2 & 3\pi \end{pmatrix} \begin{pmatrix} 1 \\ 2 \\ 3 \end{pmatrix} (kgm^2s^{-1}) = \begin{pmatrix} 3\pi - 4 \\ 4\pi + 4 \\ 9\pi + 4 \end{pmatrix} \frac{5}{4\pi}10^{-5}(kgm^2s^{-1}).$$

Mentre l'energia cinetica vale

$$T = \frac{1}{2}\vec{L}\cdot\vec{\omega} = (19\pi + 8)\frac{5}{4\pi}10^{-5}(kgm^2s^{-2})$$

Soluzione esercizio 2

Utilizziamo come coordinate generalizzate le ascisse x_1 e x_2 dei due punti materiali. L'energia potenziale è dovuta soltanto alla molla e si scrive

$$V = \frac{k}{2}\{(x_2 - x_1)^2 + (\frac{1}{2d}x_1^2 + d + \frac{1}{2d}x_2^2)^2\}.$$

Il gradiente si scrive

$$\begin{pmatrix} \partial_{x_1}V \\ \partial_{x_2}V \end{pmatrix} = k\begin{pmatrix} -(x_2-x_1) + (\frac{1}{2d}x_1^2 + d + \frac{1}{2d}x_2^2)\frac{x_1}{d} \\ (x_2-x_1) + (\frac{1}{2d}x_1^2 + d + \frac{1}{2d}x_2^2)\frac{x_2}{d} \end{pmatrix}$$

perciò $\nabla V = 0$ se e solo se $x_1 = x_2 = 0$. L'hessiano nel punto di equilibrio è
$$B = \begin{pmatrix} \partial_{11}V & \partial_{12}V \\ \partial_{21}V & \partial_{22}V \end{pmatrix} |_{x_1=x_2=0} = k \begin{pmatrix} 2 & -1 \\ -1 & 2 \end{pmatrix}.$$

Siano $P_1 = (x_1, \frac{1}{2d}x_1^2)$ e $P_2 = (x_2, -d - \frac{1}{2d}x_2^2)$ i due punti materiali in coordinate cartesiane. Differenziando rispetto al tempo otteniamo le due velocità
$$\dot{P}_1 = (\dot{x}_1, \frac{1}{d}x_1\dot{x}_1),$$
$$\dot{P}_2 = (\dot{x}_2, -\frac{1}{d}x_2\dot{x}_2),$$
quindi l'energia cinetica si scrive
$$T = \frac{m}{2}\{[1 + (\frac{x_1}{d})^2]\dot{x}_1^2 + [1 + (\frac{x_2}{d})^2]\dot{x}_2^2\}.$$

L'hessiano dell'energia cinetica nel punto d'equilibrio è
$$A = m \begin{pmatrix} 1 & 0 \\ 0 & 1 \end{pmatrix}.$$

Dobbiamo risolvere il problema agli autovettori $(B - \lambda A)w = 0$. Introduciamo η tale che $\lambda = \eta\frac{k}{m}$, e sia $\tilde{A} = I$ e $\tilde{B} = B/k$. Abbiamo perciò $(\tilde{B} - \eta\tilde{A})w = 0$. Calcoliamo e uguagliamo a zero il polinomio caratteristico
$$\det(\tilde{B} - \eta\tilde{A}) = \det \begin{pmatrix} 2-\eta & -1 \\ -1 & 2-\eta \end{pmatrix} = (2-\eta)^2 - 1 = 0$$

Otteniamo $\eta_1 = 3$, $\eta_2 = 1$ a cui corrispondono le pulsazioni
$$\omega_1 = \sqrt{3\frac{k}{m}}, \qquad \omega_2 = \sqrt{\frac{k}{m}}.$$

Gli autovettori si ottengono facilmente sostituendo η_1 e η_2 nella matrice
$$\begin{pmatrix} 2-\eta & -1 \\ -1 & 2-\eta \end{pmatrix}$$
e cercandone il nucleo. Otteniamo gli autovettori (non normalizzati)
$$w_1 = \begin{pmatrix} 1 \\ -1 \end{pmatrix}, \qquad w_2 = \begin{pmatrix} 1 \\ 1 \end{pmatrix}.$$

Intuitivamente, quando il moto è in controfase la frequenza è radice di tre volte più alta di quando è in fase (la ragione è che la molla si stira più rapidamente in quanto a parità di spostamento in ascissa i punti si allontanano di più).

La soluzione più generale al problema delle piccole oscillazioni si scrive
$$\begin{pmatrix} x_1(t) \\ x_2(t) \end{pmatrix} = a_1 \begin{pmatrix} 1 \\ -1 \end{pmatrix} \sin(\omega_1 t + \varphi_1) + a_2 \begin{pmatrix} 1 \\ 1 \end{pmatrix} \sin(\omega_2 t + \varphi_2)$$

e, come atteso, dipende da quattro costanti di integrazione: $a_1, a_2, \varphi_1, \varphi_2$.

2.2 Esame 4: 13 giugno 2012

Esercizio 1

È dato un semidisco di raggio r e massa m. Determinare la posizione del centro di massa e il momento d'inerzia dell'asse perpendicolare al piano del semidisco e passante per il centro di massa.

Esercizio 2

Sono dati due dischi omogenei di massa m e raggio r appoggiati ad un retta orizzontale (problema bidimensionale). Un'asta ha un'estremita incernierata al centro di un disco (disco 1) ed è appoggiata sull'altro disco (disco 2). Su tutti i contatti c'è rotolamento puro. L'asta ha massa trascurabile. Sapendo che nell'istante iniziale la distanza tra i centri dei dischi è $3r$ e la velocità del disco 1 è v, determinare all'istante iniziale:

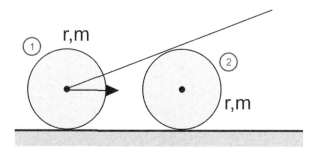

(a) il centro d'istantanea rotazione dell'asta,
(b) la velocità angolare del disco 2,
(c) l'energia cinetica totale.

Esercizio 3

È dato un pendolo doppio come in figura. Il primo pendolo è costituito da un'asta di massa m e lunghezza $2r$ saldata all'estremità al semidisco dell'esercizio 1. Il secondo pendolo è vincolato a ruotare come in figura. Sono anche date una molla e una forza costante orizzontale applicata come in figura. Vale l'uguaglianza $k2r = mg$. Usando le coordinate α e β

a) Scrivere l'energia cinetica e potenziale.

b) Determinare i punti d'equilibrio.

c) Calcolare le pulsazioni e i modi principali delle piccole oscillazioni.

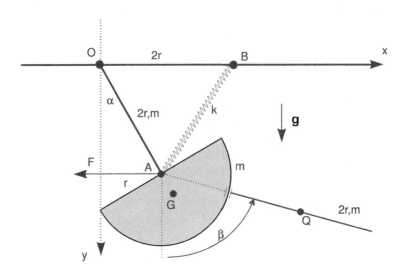

Soluzione esercizio 1

L'area totale del semidisco è
$$A = \pi r^2 / 2$$
quindi la densità è $\rho = 2m/(\pi r^2)$. Sia y l'asse di simmetria del semidisco con $y=0$ coincidente con il centro del disco, e sia x l'asse perpendicolare giacente sul piano del semidisco. Per simmetria $x_G = z_G = 0$. Abbiamo
$$y_G = \frac{1}{m}\int_{semidisco} y \mathrm{d}m = \frac{\rho}{m}\int_{semidisco} y \mathrm{d}A$$
dove in coordinate polari $\mathrm{d}A = r\mathrm{d}\theta \mathrm{d}r$
$$y_G = \frac{\rho}{m}\int_0^\pi \mathrm{d}\theta \int_0^r \mathrm{d}r (r\sin\theta) r = 2\frac{\rho}{m}\frac{r^3}{3} = \frac{4}{3\pi}r.$$

Sia $I_C = \frac{1}{2}(2m)r^2 = mr^2$ il momento d'inerzia del disco totale rispetto all'asse passante per il centro C e ortogonale al piano del disco. Il momento d'inerzia rispetto allo stesso asse del semidisco è $I_C/2$. Per Huygens-Steiner
$$\frac{1}{2}I_C = I_G + my_G^2 \Rightarrow I_G = \frac{1}{2}mr^2 - m(\frac{4}{3\pi}r)^2 = \frac{9\pi^2 - 32}{18\pi^2}mr^2$$

Soluzione esercizio 2

Ci riferiamo alla figura dove abbiamo avvicinato i dischi per scorciare la figura. Per il teorema di Chasles il centro istantaneo di rotazione dell'asta si trova in C. Anzitutto

$$AD = \sqrt{(3r)^2 - r^2} = \sqrt{8}r.$$

Si noti che

$$AB/r = AE/AD \Rightarrow AE = 3\sqrt{8}r,$$

quindi

$$ED = \sqrt{AE^2 - AD^2} = 8r.$$

Si noti che $CE = ED$ quindi

$$AC = AE + CE = r(8 + \sqrt{8}).$$

Se ne deduce che la velocità angolare dell'asta è

$$\omega_{asta} = v/AC = \frac{v}{r}\frac{1}{8 + 3\sqrt{8}}.$$

La velocità angolare del disco 2 è

$$\omega_2 = v_D/DF$$

dove sappiamo che

$$v_D = \omega_{asta} CD$$

quindi

$$\omega_2 = \omega_{asta} CD/DF.$$

Ma per la similitudine dei triangoli ECD e DBF

$$CD/DF = ED/r = 8,$$

quindi

$$\omega_2 = \frac{v}{r}\frac{8}{8 + 3\sqrt{8}}.$$

L'energia cinetica è

$$T = \frac{1}{2}(\frac{3}{2}mr^2)(\frac{v}{r})^2 + \frac{1}{2}(\frac{3}{2}mr^2)(\frac{v}{r}\frac{8}{8 + 3\sqrt{8}})^2$$
$$= \frac{3}{4}mv^2[1 + \frac{1}{(1 + 3/\sqrt{8})^2}]$$

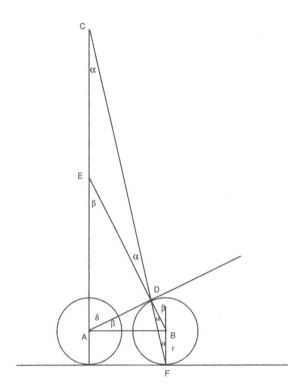

Soluzione esercizio 3

Calcoliamoci il momento d'inerzia del semidisco rispetto ad O

$$I_O = I_G + m(OA + AG)^2 = \frac{9\pi^2 - 32}{18\pi^2}mr^2 + m(2r + \frac{4}{3\pi}r)^2$$

$$= mr^2[\frac{9\pi^2 - 32}{18\pi^2} + 4 + \frac{16}{3\pi} + \frac{16}{9\pi^2}] = mr^2\frac{27\pi + 32}{6\pi}$$

L'energia cinetica del primo pendolo è perciò

$$T_1 = \frac{1}{2}[I_O + \frac{1}{3}m(2r)^2]\dot{\alpha}^2 = \frac{1}{2}mr^2\frac{35\pi + 32}{6\pi}\dot{\alpha}^2$$

Veniamo al calcolo dell'energia cinetica del secondo pendolo. La posizione del centro di massa è

$$(x_Q, y_Q) = (2r\sin\alpha + 2r\sin\beta, 2r\cos\alpha + 2r\cos\beta)$$

La sua velocità è

$$(\dot{x}_Q, \dot{y}_Q) = 2r(\cos\alpha\dot{\alpha} + \cos\beta\dot{\beta}, -\sin\alpha\dot{\alpha} - \sin\beta\dot{\beta})$$

Quindi il suo modulo quadrato è

$$v_Q^2 = 4r^2[\dot{\alpha}^2 + \dot{\beta}^2 + 2\cos(\alpha - \beta)\dot{\alpha}\dot{\beta}].$$

Infine usando Huygens-Steiner

$$T_2 = \frac{1}{2}mv_Q^2 + \frac{1}{2}(\frac{1}{12}m(2r)^2)\dot{\beta}^2$$
$$= \frac{1}{2}4mr^2[\dot{\alpha}^2 + \frac{13}{12}\dot{\beta}^2 + 2\cos(\alpha-\beta)\dot{\alpha}\dot{\beta}]$$

quindi

$$T = \frac{1}{2}mr^2[\frac{59\pi+32}{6\pi}\dot{\alpha}^2 + \frac{13}{3}\dot{\beta}^2 + 8\cos(\alpha-\beta)\dot{\alpha}\dot{\beta}].$$

Veniamo al calcolo dell'energia potenziale. L'energia potenziale della molla è (si usa il teorema di Carnot)

$$V_{molla} = \frac{1}{2}k(8r^2 - 8r^2\cos(\pi/2-\alpha)) = 4kr^2(1-\sin\alpha).$$

L'energia potenziale gravitazionale è

$$V_{grav} = -mgr\cos\alpha - mg(2r+\frac{4}{3\pi}r)\cos\alpha - mg(2r\cos\alpha + 2r\cos\beta)$$
$$= -mgr(5+\frac{4}{3\pi})\cos\alpha - 2mgr\cos\beta$$

La forza costante $\vec{F} = -F\hat{i}$ deriva dal potenziale $V_F = Fx = F2r\sin\alpha$ quindi

$$V = -mgr(5+\frac{4}{3\pi})\cos\alpha - 2mgr\cos\beta + 2rF\sin\alpha + 4kr^2(1-\sin\alpha).$$

Usiamo l'identità $k2r = mg = F$ per riscriverla

$$V = -2kr^2(5+\frac{4}{3\pi})\cos\alpha - 4kr^2\cos\beta + 4kr^2\sin\alpha + 4kr^2(1-\sin\alpha)$$
$$= 2kr^2[2 - (5+\frac{4}{3\pi})\cos\alpha - 2\cos\beta].$$

Il punto stazionario si ottiene imponendo $\partial V/\partial\alpha = 0$, $\partial V/\partial\beta = 0$ ovvero

$$0 = \partial V/\partial\alpha = 2kr^2[(5+\frac{4}{3\pi})\sin\alpha],$$
$$0 = \partial V/\partial\beta = 2kr^2[2\sin\beta].$$

Essendo $\sin\alpha = \sin\beta = 0$, la geometria del problema implica che l'unico punto stazionario è $\alpha = 0$, $\beta = 0$. L'Hessiano di V sul punto stazionario è

$$B = \frac{2kr^2}{3\pi}\begin{pmatrix}(15\pi+4) & 0 \\ 0 & 6\pi\end{pmatrix}.$$

Questa matrice è definita positiva quindi l'equilibrio è stabile. L'Hessiano dell'energia cinetica nel punto stazionario è

$$A = \frac{2mr^2}{3\pi}\begin{pmatrix}59\pi+32 & 24\pi \\ 24\pi & 26\pi\end{pmatrix}.$$

Sia $\lambda = \frac{k}{m}\eta$ per determinare le pulsazioni dobbiamo risolvere il problema di diagonalizzazione simultanea di A e B. Calcoliamo il polinomio caratteristico

$$p(\eta) = \det\begin{pmatrix} (15\pi + 4) - \eta(59\pi + 32) & -\eta 24\pi \\ -\eta 24\pi & 6\pi - \eta 26\pi \end{pmatrix}.$$

Omettiamo il resto della soluzione.

3. Esercizi d'esame: 2012–2013

3.1 Esame 4: 11 giugno 2013

Esercizio 1

Tre piastre piane omogenee di massa m aventi la forma di triangoli rettangoli con cateti $4l$ e $3l$ sono saldate lungo il cateto più lungo come in figura.

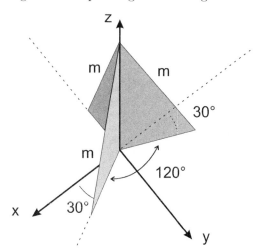

a) Calcolare la matrice d'inerzia

b) Discutere le simmetrie. Trovare assi e momenti principali d'inerzia.

c) Se all'istante dato e nel riferimento dato
$$\boldsymbol{\omega} = (4\boldsymbol{i} + 2\boldsymbol{j} + \boldsymbol{k})s^{-1}$$
$m = 20g$ e $l = 10cm$, calcolare il momento angolare $\boldsymbol{L}$ e l'energia cinetica T.

Esercizio 2

Si consideri il sistema illustrato in figura. Esso rappresenta un carrello sagomato a semicerchio che scorre su una guida orizzontale. Sul carrello rotola un disco a sua volta collegato a due punti fissi attraverso molle di costante elastica k. Le coordinate generalizzate sono lo spostamento x del carrello, e l'angolo θ che forma con la verticale la congiungente tra il centro del carrello (semicerchio) e il centro del disco.

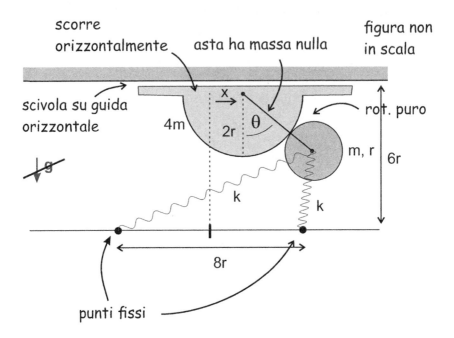

a) Scrivere l'energia cinetica e potenziale.

b) Determinare i punti d'equilibrio. Discutere la stabilià.

c) Calcolare le pulsazioni e i modi principali delle piccole oscillazioni.

Soluzione esercizio 1

Calcoliamoci la matrice d'inerzia per un generico triangolo rettangolo di cateti a e b posto come in figura.

3.1. ESAME 4: 11 GIUGNO 2013

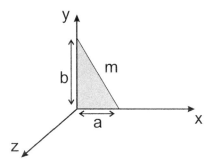

La densità è $\rho = \frac{2m}{ab}$

$$I_x = \int y^2 \mathrm{d}m = \rho \int_0^a \mathrm{d}x \int_0^{b-\frac{b}{a}x} y^2 \mathrm{d}y$$
$$= \rho \int_0^a \mathrm{d}x \frac{1}{3}(b - \frac{b}{a}x)^3 = \frac{\rho}{12}\frac{a}{b}b^4 = \frac{m}{6}b^2$$

Analogamente,

$$I_y = \frac{m}{6}a^2$$

Poiché il sistema è piano

$$I_z = I_x + I_y = \frac{m}{6}(a^2 + b^2).$$

Infine

$$I_{xy} = -\rho \int_a^a x \mathrm{d}x \int_0^{b-\frac{b}{a}x} y \mathrm{d}y = -\rho \int_0^a \mathrm{d}x \frac{x}{2}(b - \frac{b}{a}x)^2$$
$$= -\frac{\rho b^2}{2} \int_0^a \mathrm{d}x (x + \frac{x^3}{a^2} - \frac{2}{a}x^2)$$
$$= -\frac{m}{12}ab$$

quindi

$$I_{triangolo} = \frac{m}{12}\begin{pmatrix} 2b^2 & -ab & 0 \\ -ab & 2a^2 & 0 \\ 0 & 0 & 2(a^2 + b^2) \end{pmatrix}$$

Torniamo al nostro oggetto. Ciascun piano su cui giace una piastra è un piano di simmetria. L'intersezione di due piani di simmetria è un asse principale quindi l'asse z è principale. Inoltre il piano yz è di simmetria e l'asse perpendicolare a un piano di simmetria è principale perciò l'asse x è principale. Infine l'asse ortogonale a due assi principali è principale perciò l'asse y è principale. Dunque la terna x, y, z di partenza è già principale. Non solo, poiché l'oggetto presenta una simmetria di rotazione di angolo 120° intorno all'asse z, la sezione tra l'ellissoide e il piano xy è necessariamente circolare. Questo significa che tutti gli assi sul piano xy passanti per l'origine sono principali allo stesso momento d'inerzia.

Evidentemente I_z è tre volte quella di un solo triangolo quindi tenuto conto dei conti già svolti
$$I_z = \frac{9}{2}ml^2$$
Per quanto detto la matrice d'inerzia è
$$I = \begin{pmatrix} I_y & 0 & 0 \\ 0 & I_y & 0 \\ 0 & 0 & I_z \end{pmatrix}$$
e resta solo da calcolare I_y. Sia (1) la piastra sul piano yz e siano (2) e (3) le altre due. Possiamo proiettare (2) e (3) sul piano zx lungo l'asse y. Questa operazione non cambia le distanze delle masse elementari dall'asse y e fornisce due triangoli rettangoli aventi per cateti $4l$ e
$$3l \cos 30° = \frac{3\sqrt{3}}{2}l$$
quindi
$$I_y^{(2)} + I_y^{(3)} = 2\frac{m}{6}\{(4l)^2 + (\frac{3\sqrt{3}}{2}l)^2\} = ml^2\frac{91}{12}$$
Inoltre
$$I^{(1)} = \frac{m}{6}(4l)^2$$
e infine
$$I_y = \frac{41}{4}ml^2.$$
Alternativamente si può trovare $I^{(2)}$ e $I^{(3)}$ ruotando la matrice d'inerzia di $I^{(1)}$ di angoli $\alpha_1 = 120°$ e $\alpha_2 = 240°$, infatti
$$I^{(i)} = O(\alpha_i) I^{(1)} O^T(\alpha_i)$$
dove $O(\alpha_i)$ è la matrice di rotazione
$$\begin{pmatrix} \cos\alpha & \sin\alpha & 0 \\ -\sin\alpha & \cos\alpha & 0 \\ 0 & 0 & 1 \end{pmatrix}$$
cioè
$$\begin{pmatrix} -1/2 & \pm\sqrt{3}/2 & 0 \\ \mp\sqrt{3}/2 & -1/2 & 0 \\ 0 & 0 & 1 \end{pmatrix}$$
Per esempio fatti i conti si ottiene facilmente
$$I^{(1)} = \frac{m}{6}l^2 \begin{pmatrix} 25 & 0 & 0 \\ 0 & 16 & 6 \\ 0 & 6 & 9 \end{pmatrix}$$

e quindi applicando la rotazione

$$I^{(2)} = \frac{m}{6}l^2 \begin{pmatrix} \frac{23}{4} & -\frac{9}{4}\sqrt{3} & -3\sqrt{3} \\ -\frac{9}{4}\sqrt{3} & \frac{91}{4} & -3 \\ -3\sqrt{3} & -3 & 9 \end{pmatrix}$$

Si può calcolare anche $I^{(3)}$ e sommati tutti i contributi si ottiene di nuovo la matrice già trovata con considerazioni di simmetria.

Il resto dell'esercizio procede come al solito con l'ulteriore semplificazione dovuta alla forma diagonale della matrice.

Soluzione esercizio 2

Sia P il centro del disco. Si ha

$$P(x,\theta) = (x + 3r\sin\theta, 3r\cos\theta)$$
$$\dot{P} = (\dot{x} + 3r\cos\theta\dot{\theta}, -3r\sin\theta\dot{\theta})$$

quindi

$$\dot{P}^2 = \dot{x}^2 + 9r^2\dot{\theta}^2 + 6r\cos\theta\dot{\theta}\dot{x}$$

Per quanto riguarda la velocità angolare ω del disco, mettiamoci nel riferimnto in moto con il carrello semicircolare. In questo riferimento (non ruotante) troviamo che la velocità del centro del disco può scriversi in due modi, ovvero

$$v = 3r\dot{\theta}$$

e, tenuto conto che in questo riferimento il centro istantaneo di rotazione del disco è il punto di contatto,

$$v = \omega r$$

perciò $\omega = 3\dot{\theta}$. L'energia cinetica vale

$$T = \frac{1}{2}4m\dot{x}^2 + \frac{1}{2}m\dot{P}^2 + \frac{1}{2}(\frac{1}{2}mr^2)\omega^2$$
$$= \frac{1}{2}m\{5\dot{x}^2 + \frac{27}{2}r^2\dot{\theta}^2 + 6r\dot{x}\cos\theta\dot{\theta}\}$$

L'energia potenziale si scrive

$$V = \frac{k}{2}\{2(6r - 3r\cos\theta)^2 + (4r + x + 3r\sin\theta)^2 + (-4r + x + 3r\sin\theta)^2\}$$

Da cui si ottiene introducendo la coordinata $y = r\theta$

$$\frac{\partial V}{\partial x} = 2k(x + 3r\sin\theta)$$
$$\frac{1}{r}\frac{\partial V}{\partial \theta} = k\{36r\sin\theta + 6x\cos\theta\}$$

Quindi nel punto stazionario

$$x + 3r\sin\theta = 0$$
$$36r\sin\theta + 6x\cos\theta = 0$$

Sostituendo x dalla prima nella seconda

$$18r\sin\theta(2 - \cos\theta) = 0$$

Poiché $|\cos\theta| \leq 1$ l'unica possibilità affinché sia soddisfatta è $\sin\theta = 0$ e data la geometria del problema può solo essere $\theta = 0$ e dalla prima equazione segue $x = 0$. Quindi nelle coordinate scelte c'è un solo punto stazionario nell'origine del riferimento.

Per studiare la stabilità conviene usare la coordinate $y = r\theta$ al posto di θ in modo che x e y abbiano le stesse dimensioni. Allora l'hessiano di $T(\dot{x}, \dot{y})$ nel punto stazionario è

$$A = m \begin{pmatrix} 5 & 3 \\ 3 & \frac{27}{2} \end{pmatrix}$$

e quello di $V(x,y)$ è

$$B = k \begin{pmatrix} 2 & 6 \\ 6 & 36 \end{pmatrix}$$

in particolare, poiché $B_{11} > 0$ e il determinante di B è $36 > 0$, B è definita positiva e perciò il punto stazionario è stabile.

Per determinare i modi principali e le relative pulsazioni dobbiamo risolvere il problema agli autovalori

$$(B - \omega^2 A)\vec{v} = \vec{0}.$$

Sia $\omega = \sqrt{\frac{k}{m} 2\lambda}$, allora dobbiamo risolvere il problema

$$\left(\begin{pmatrix} 2 & 6 \\ 6 & 36 \end{pmatrix} - \lambda \begin{pmatrix} 10 & 6 \\ 6 & 27 \end{pmatrix}\right)\vec{v} = \vec{0}.$$

Calcoliamoci il polinomio caratteristico

$$p(\lambda) = \det\begin{pmatrix} 2(1-5\lambda) & 6(1-\lambda) \\ 6(1-\lambda) & 9(4-3\lambda) \end{pmatrix} = 18\{(1-5\lambda)(4-3\lambda) - 2(1-\lambda)^2\}$$
$$= 18(13\lambda^2 - 19\lambda + 2)$$

quindi

$$\lambda_{1,2} = \frac{1}{26}(19 \pm \sqrt{257}).$$

e le pulsazioni sono

$$\omega_{1,2} = \sqrt{\frac{k}{13m}(19 \pm \sqrt{257})}$$

Se $\begin{pmatrix} v_1 \\ v_2 \end{pmatrix}$ rappresenta il modo allora

$$(1-5\lambda)v_1 + 3(1-\lambda)v_2 = 0$$

da cui si deduce

$$\vec{v} = v_1 \begin{pmatrix} 1 \\ \frac{(1-5\lambda)}{3(\lambda-1)} \end{pmatrix}$$

sostituendo i valori di λ ottenuti sopra si ottengono i due modi di oscillazione.

3.2 Esame 5: 26 giugno 2013

Esercizio 1

Un'asta di massa m ha il centro vincolato a scorrere su una guida orizzontale. L'asta può ruotare. Sulla stessa guida, alla sinistra del centro dell'asta, poggia un disco omogeneo di massa m e raggio r. La distanza tra il punto di contatto e il centro dell'asta (sulla stessa retta orizzontale) è $\sqrt{3}r$. L'asta è lunga giusto quanto basta per essere appoggiata ad una estremita al disco in modo da essere a esso tangente. Tutti i contatti sono di rotolamento puro. Trascurare la gravità.

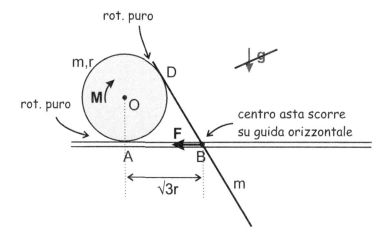

a) Determinare il centro d'istantanea rotazione dell'asta.

b) Se all'istante considerato la velocità del centro del disco è v_0, quanto vale l'energia cinetica totale del sistema?

c) Se si applica un momento meccanico M al disco in senso orario, quale forza orizzontale F si deve applicare al centro dell'asta per mantenere il sistema in equilibrio?

Esercizio 2

Nel sistema illustrato in figura, posto su un piano orizzontale, due dischi omogenei sono collegati da un'asta di lunghezza 4r e massa trascurabile e sono liberi di ruotare a contatto con un anello di massa m. Su tutti i contatti c'è rotolamento puro. Le coordinate generalizzate sono x e θ.

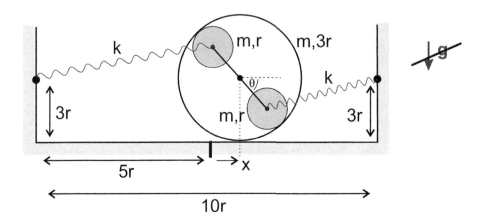

a) Scrivere l'energia cinetica e potenziale.

b) Determinare i punti d'equilibrio. Discutere la stabilità.

c) Calcolare le pulsazioni e i modi principali delle piccole oscillazioni.

Soluzione esercizio 1

Il punto materiale del disco a contatto col suolo è istantaneamente fermo, perciò il centro d'istantanea rotazione del disco è il suo punto di contatto. Il punto D dell'asta ha la stessa velocità del corrispondente punto del disco ovvero perpendicolare alla retta AD e perciò, per il teorema di Chasles, il centro d'istantanea rotazione dell'asta sta in AD. Ma il centro dell'asta si muove orizzontalmente, perciò sempre per Chasles, il centro d'istantanea rotazione dell'asta sta sulla perpendicolare alla guida passante per B. Le due rette individuano il punto C che è il centro istantaneo di rotazione dell'asta.

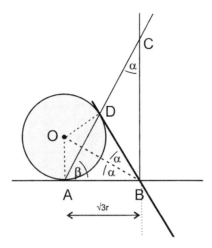

Il triangolo AOB ha angolo sul vertice B pari a 30 gradi. Questo triangolo è uguale a quello ODB perciò $DB = \sqrt{3}r$, da cui si trova che la lunghezza dell'asta è $2\sqrt{3}r$. L'angolo AOB è 60 gradi quindi quello AOD è 120 gradi. La lunghezza AD è perciò

$$AD = \sqrt{2r^2 - 2r^2 \cos 120°} = \sqrt{3}r$$

quindi ADB è equilatero. Poiché l'angolo DAB è 60 gradi

$$AC = 2\sqrt{3}r$$

e quindi $DC = AC - AD = \sqrt{3}r$. La velocità angolare dell'asta è v_0/r, quindi la velocità di D è $v_D = (v_0/r)AD$. D'altra parte se ω è la velocità angolare dell'asta

$$v_D = \omega DC$$

Poiché $DC = AD$ troviamo $\omega = v_0/r$ ma con senso di rotazione opposto. La distanza CB è $3r$ quindi l'energia cinetica totale vale

$$T = \frac{1}{2}[\frac{1}{2}mr^2 + mr^2](\frac{v_0}{r})^2 + \frac{1}{2}[\frac{1}{12}m(2\sqrt{3}r)^2 + m(3r)^2](\frac{v_0}{r})^2 = \frac{23}{4}mv_0^2.$$

Per rispondere alla terza domanda consideriamo uno spostamento infinitesimo ed applichiamo il principio dei lavori virtuali. Se il disco ruota di un angolo $\delta\theta$ l'asta ruota in senso opposto rispetto al suo centro istantaneo di altrettanto (poiché le velocità angolari sono uguali in modulo). Quindi il punto B si sposta verso destra di $\overline{CB}\delta\theta$. Il bilancio del lavoro è

$$M\delta\theta - F3r\delta\theta = 0$$

quindi $F = \frac{M}{3r}$.

Soluzione esercizio 2

Consideriamo un sistema di assi cartesiani centrato ad altezza 3r dall'origine dell'ascissa x. Le posizioni dei punti P e Q si scrivono

$$Q = (x - 2r\cos\theta, 2r\sin\theta)$$
$$P = (x + 2r\cos\theta, -2r\sin\theta).$$

Le loro velocità sono

$$\dot{Q} = (\dot{x} + 2r\sin\theta\dot{\theta}, 2r\cos\theta\dot{\theta})$$
$$\dot{P} = (\dot{x} - 2r\sin\theta\dot{\theta}, -2r\cos\theta\dot{\theta}).$$

e i rispettivi moduli al quadrato sono

$$\dot{Q}^2 = \dot{x}^2 + 4r^2\dot{\theta}^2 + 4r\dot{x}\sin\theta\dot{\theta}$$
$$\dot{P}^2 = \dot{x}^2 + 4r^2\dot{\theta}^2 - 4r\dot{x}\sin\theta\dot{\theta}.$$

Il disco grande ha velocità angolare $\dot{x}/(3r)$. Vogliamo determinare la velocità angolare ω del disco di centro P.

Se ci mettiamo nel riferimento che trasla con il centro di massa del disco grande, vediamo il disco grande ruotare su se stesso con questa velocità angolare. La velocità di P in tale riferimento è $\dot{\theta}2r$. La velocitè del punto di contatto tra il disco interno di centro P e il disco esterno si può pertanto calcolare nei due modi espressi dai due membri della seguente equazione

$$\dot{\theta}2r + \omega r = \frac{\dot{x}}{3r}3r$$

da cui si ricava

$$\omega = \frac{\dot{x}}{r} - 2\dot{\theta}.$$

L'energia cinetica è perciò

$$T = \frac{1}{2}(2m(3r)^2)(\frac{\dot{x}}{3r})^2 + 2\frac{1}{2}(\frac{1}{2}mr^2)(\frac{\dot{x}}{r} - 2\dot{\theta})^2 + \frac{1}{2}m(\dot{P}^2 + \dot{Q}^2)$$
$$= \frac{1}{2}m(5\dot{x}^2 - 4\dot{x}r\dot{\theta} + 12r^2\dot{\theta}^2)$$

L'energia potenziale si scrive

$$V = \frac{k}{2}[(5r + x - 2r\cos\theta)^2 + (2r\sin\theta)^2 + (-5r + x + 2r\cos\theta)^2 + (-2r\sin\theta)^2]$$
$$= \frac{k}{2}(58r^2 + 2x^2 - 40r^2\cos\theta)$$

3.2. ESAME 5: 26 GIUGNO 2013

I punti stazionari sono determinati dalle equazioni

$$0 = \frac{\partial V}{\partial x} = 2kx$$
$$0 = \frac{\partial V}{\partial \theta} = 20kr^2 \sin\theta$$

quindi sono dati da $x = 0$, $\theta = 0$, e $x = 0$, $\theta = \pi$. L'hessiano del potenziale nel punto stazionario è (uso $y = \theta r$ come seconda coordinata generalizzata)

$$B = k \begin{pmatrix} 2 & 0 \\ 0 & \pm 20 \end{pmatrix}$$

e quindi è definito positivo solo sul primo punto stazionario. Dunque solo il primo è relativo a equilibrio stabile. L'hessiano dell'energia cinetica è invece (sempre usando $y = \theta r$ come seconda coordinata generalizzata)

$$A = m \begin{pmatrix} 5 & -2 \\ -2 & 12 \end{pmatrix}$$

Bisogna risolvere il problema agli autovalori

$$(B - \omega^2 A)\vec{v} = 0$$

Poniamo $\omega = \sqrt{\frac{k}{m}}\lambda$, cosicché questo problema diventa

$$(\begin{pmatrix} 2 & 0 \\ 0 & 20 \end{pmatrix} - \lambda \begin{pmatrix} 5 & -2 \\ -2 & 12 \end{pmatrix})\vec{v} = 0.$$

Calcoliamoci il polinomio caratteristico

$$p(\lambda) = \det \begin{pmatrix} 2 - 5\lambda & 2\lambda \\ 2\lambda & 20 - 12\lambda \end{pmatrix} = 4[(2 - 5\lambda)(5 - 3\lambda) - \lambda^2] = 4(14\lambda^2 - 31\lambda + 10)$$

Quindi

$$\lambda_{1,2} = \frac{31 \pm \sqrt{401}}{28}$$

e

$$\omega_{1,2} = \sqrt{\frac{k}{m} \frac{31 \pm \sqrt{401}}{28}}$$

Ometto il calcolo degli autovettori.

4. Esercizi d'esame: 2015–2016

4.1 Esame 3: 26 febbraio 2016

Esercizio 1

È dato un triangolo omogeneo di massa m e lato $\sqrt{2}l$ disposto come in figura (corpo 1). Ai lati sono poste ulteriori tre aste di massa m (chiamiamo 'corpo 2' l'asta in basso).

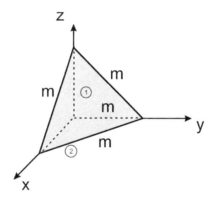

a) Calcolare la matrice d'inerzia (fornire separatamente anche $I^{(1)}$ e $I^{(2)}$).

b) Discutere le simmetrie. Trovare assi e momenti principali d'inerzia.

Esercizio 2

Il problema si svolge su un piano verticale in presenza di gravità. Un soffitto presenta due gobbe semicircolari di raggio $2r$ come in figura. Su tali gobbe rotolano due anelli (cerchi) di massa m e raggio r. Si ha poi un'asta di massa m appoggiata ai cerchi e un blocco di massa m appoggiato all'asta. Quest'ultimo scivola sull'asta ed è richiamato da una molla di costante elastica k la cui altra estremità è solidale all'asta. Si supponga che valga la relazione $kr = mg$ e si semplifichi g in favore di k. Su tutte le superfici a contatto c'è rotolamento puro. L'ascissa del punto di ancoraggio della molla e quella del centro di massa dell'asta sono irrilevanti. Le coordinate generalizzate sono l'angolo θ che individua la posizione dei cerchi e l'allungamento x della molla.

a) scrivere l'energia potenziale V, determinare punti stazionari e discuterne la stabilità.

b) scrivere l'energia cinetica T

c) discutere le piccole oscillazioni (pulsazioni e modi principali).

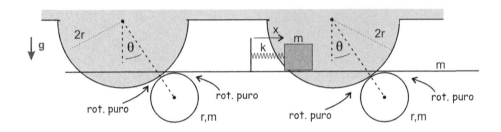

Soluzione esercizio 1

Per calcolarci $I_{zz}^{(1)}$ e $I_{xy}^{(1)}$ comprimiamo lungo z ottenendo un triangolo rettangolo sul piano xy. Per calcolarci $I_{zz}^{(1)}$ possiamo usare il teorema dei sistemi piani e quindi, tenuto conto del momento d'inerzia per un triangolo rettangolo rispetto a un cateto,

$$I_{zz}^{(1)} = 2\frac{1}{6}ml^2 = \frac{1}{3}ml^2.$$

Per simmetria $I_{xx}^{(1)} = I_{yy}^{(1)} = I_{zz}^{(1)}$. Resta da calcolare $I_{xy}^{(1)}$ per il triangolo compresso sul piano xy menzionato sopra

$$I_{xy}^{(1)} = -\frac{m}{l^2/2}\int_0^l x\,dx \int_0^{l-x} y\,dy = -\frac{2m}{l^2}\int_0^l x\left(\frac{l-x}{2}\right)^2 dx = -\frac{m}{l^2}\int_0^l (l^2 x - 2x^2 l + x^3)\,dx$$
$$= -\frac{1}{12}ml^2 = I_{yz}^{(1)} = I_{zx}^{(1)}.$$

Infine

$$I^{(1)} = \frac{1}{12}ml^2 \begin{pmatrix} 4 & -1 & -1 \\ -1 & 4 & -1 \\ -1 & -1 & 4 \end{pmatrix}.$$

Sempre per compressione

$$I_{yy}^{(2)} = \frac{1}{3}ml^2 = I_{xx}^{(2)}, \qquad I_{zz}^{(2)} = I_{xx}^{(2)} + I_{yy}^{(2)} = \frac{2}{3}ml^2.$$

Poiché il corpo 2 giace sul piano $z=0$

$$I_{xz}^{(2)} = I_{xz}^{(2)} = 0.$$

Dobbiamo solo calcolarci

$$I_{xy}^{(2)} = -\frac{m}{l}\int_0^l x(l-x)\mathrm{d}x = -\frac{m}{l}\left(\frac{lx^2}{2}-\frac{x^3}{3}\right)\Big|_0^l = -\frac{1}{6}ml^2.$$

$$I^{(2)} = \frac{1}{12}ml^2\begin{pmatrix} 4 & -2 & 0 \\ -2 & 4 & 0 \\ 0 & 0 & 8 \end{pmatrix},$$

quindi le tre aste hanno matrice d'inerzia

$$I^{(aste)} = \frac{1}{12}ml^2\begin{pmatrix} 16 & -2 & -2 \\ -2 & 16 & -2 \\ -2 & -2 & 16 \end{pmatrix},$$

e

$$I = \frac{1}{12}ml^2\begin{pmatrix} 20 & -3 & -3 \\ -3 & 20 & -3 \\ -3 & -3 & 20 \end{pmatrix}.$$

Ci sono tre piani di simmetria a $120°$ l'uno dall'altro che si intersecano sull'asse generato da $\vec{v}_1 = (1,1,1)^T$ che quindi è principale. L'ellissoide è tondo e un momento principale è ottenuto da $I\vec{v}_1 = I_1\vec{v}_1$ da cui otteniamo

$$I_1 = \frac{7}{6}ml^2, \qquad (\lambda_1 = 14)$$

ma

$$\lambda_1+\lambda_2+\lambda_3 = \mathrm{tr}\begin{pmatrix} 20 & -3 & -3 \\ -3 & 20 & -3 \\ -3 & -3 & 20 \end{pmatrix} = 60,$$

e $\lambda_2 = \lambda_3$ perché l'ellissoide è tondo, quindi $\lambda_2 = \lambda_3 = 23$, ovvero

$$I_2 = I_3 = \frac{23}{12}ml^2.$$

$\vec{v}_2$ e $\vec{v}_3$ sono una qualunque coppia di vettori ortogonali tra loro e a $\vec{v}_1$, per esempio $\vec{v}_2 = (1,-1,0)^T$, $\vec{v}_3 = (1,1,-2)^T$.

Soluzione esercizio 2

L'energia potenziale è

$$V = \frac{1}{2}kx^2 + 4mg(-3r\cos\theta)$$

Calcoliamoci i punti stazionari. Si ha

$$\frac{\partial V}{\partial x} = kx,$$
$$\frac{\partial V}{\partial \theta} = 12mrg\sin\theta,$$

da cui segue che l'unico punto stazionario è $(x,\theta) = (0,0)$. L'Hessiano sul punto stazionario è

$$B = k\begin{pmatrix} 1 & 0 \\ 0 & 12r^2 \end{pmatrix}.$$

La velocità angolare degli anelli è $\omega = 3\dot\theta$. Sia G un punto qualunque del piano (hanno tutti la stessa velocità) per esempio il punto di ancoraggio della molla, e sia P il centro di massa del blocco. Introducendo opportune coordinate cartesiane

$$G = (3r\sin\theta - 3r\theta + cost, -3r\cos\theta + cost),$$

$$P = G + (x + cost, 0),$$

$$\dot G = (3r\cos\theta\dot\theta - 3r\dot\theta, 3r\sin\theta\dot\theta),$$

$$\dot P = (3r\cos\theta\dot\theta - 3r\dot\theta + \dot x, 3r\sin\theta\dot\theta),$$

$$\dot G^2 = 18r^2\dot\theta^2(1-\cos\theta),$$

$$\dot P^2 = 18r^2\dot\theta^2(1-\cos\theta) + \dot x^2 - 6r\dot\theta\dot x(1-\cos\theta).$$

Questo conto poteva essere svolto in modo più elegante senza passare da coordinate cartesiane usando il centro istantaneo di rotazione del disco e, nel calcolo di $\dot P^2$, la nozione di velocità di trascinamento. Infine,

$$T = 2\frac{1}{2}(mr^2 + mr^2)(3\dot\theta)^2 + \frac{1}{2}m18r^2\dot\theta^2(1-\cos\theta)$$
$$+ \frac{1}{2}m\{18r^2\dot\theta^2(1-\cos\theta) + \dot x^2 - 6r\dot\theta\dot x(1-\cos\theta)\}$$
$$= 18mr^2\dot\theta^2 + 18mr^2\dot\theta^2(1-\cos\theta) - 3r\dot\theta\dot xm(1-\cos\theta) + \frac{1}{2}m\dot x^2.$$

Da qui

$$A = m\begin{pmatrix} 1 & 0 \\ 0 & 36r^2 \end{pmatrix}.$$

Le pulsazioni cercate sono $\omega_1 = \sqrt{\frac{k}{m}}$ e $\omega_2 = \sqrt{\frac{k}{3m}}$. Vediamo che i modi di oscillazione di x e θ sono già disaccoppiati.

4.2 Esame 4: 6 giugno 2016

Esercizio 1

Determinare la matrice d'inerzia di un cilindro *cavo* con base di raggio r e altezza $2r$, rispetto al riferimento (x, y, z) sapendo che l'asse z è l'asse del cilindro e il suo centro di massa coincide con l'origine delle coordinate. Si sa inoltre che le due basi hanno ciascuna massa m, e la parete laterale ha massa m.

Esercizio 2

Il sistema giace su un piano verticale ed è sottoposto all'accelerazione di gravita' g. Un cerchio (non un disco!) di raggio r e massa m rotola senza strisciare su guida fissa orizzontale di lunghezza $8r$. L'asta AB di massa m e lunghezza $2r$ è saldata all'estremità sul cerchio. I punti A, B, C, D sono 3 cerniere per le tre aste AC, BD, CD, di massa m e lungheza $2r$. Si suppone che il movimento delle aste non sia impedito dal cerchio, cioè che le aste siano 'trasparenti' agli altri elementi geometrici. Le condizioni iniziali sono tali per cui, quando il punto di contatto E passa dal punto mediano M della guida l'asta AB è orizzontale. Come coordinate generalizzate scegliere i due angoli in figura, cioè l'angolo di rotazione θ del cerchio e l'angolo di rotazione β dell'asta AC rispetto alla verticale. Le molle hanno costante elastica k e lunghezza a riposo nulla. Vale la relazione $kr = mg$ che si userà nell'energia potenziale per eliminare g in favore di k.

a) scrivere energia potenziale V, determinare punti stazionari e discuterne la stabilità,

b) scrivere l'energia cinetica T,

c) discutere le piccole oscillazioni (pulsazioni e modi principali).

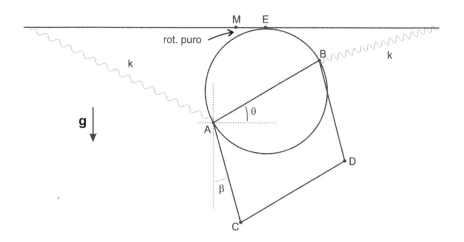

Soluzione esercizio 1

Sia B un apice che denota le due basi e L un apice che denota la superficie laterale. Chiaramente considerando le due basi circolari

$$I_z^B = 2\frac{1}{2}mr^2 = mr^2$$

usando Huygens-Steiner

$$I_x^B = I_y^B = 2(\frac{1}{4}mr^2 + mr^2) = \frac{5}{2}mr^2$$

Per il termine centrifugo xy possiamo contrarre lungo z ottenendo un disco di massa $2m$ e per simmetria

$$I_{xy}^B = 0$$

Se il termine misto coinvolge z fa zero in quanto i contributi delle due basi si cancellano

$$I_{xz}^B = -\sum_i m_i z_i x_i = -r \sum_{i \in B_1} m_i x_i + r \sum_{i \in B_2} m_i x_i = 0.$$

Veniamo alla superficie laterale.

$$I_z^L = \sum_i m_i r_i^2 = mr^2$$

ancora schiacciando e usando la simmetria

$$I_{xy}^L = 0$$

Nel calcolo di $I_{xz}^L = -\sum_i x_i z_i$ si noti che il contributo $z<0$ cancella quello $z>0$ quindi $I_{xz}^L = 0$. Resta da calcolare I_x^L. La densità della superficie laterale è $\rho = m/(4\pi r^2)$ e

$$I_x^L = \int (y^2 + z^2) dm = \rho \int_{-r}^{r} dz \int_0^{2\pi} d\theta (r^2 \sin^2\theta + z^2) r = 2\pi r \rho \int_{-r}^{r} dz (\frac{1}{2}r^2 + z^2)$$
$$= \frac{m}{2r}(r^3 + \frac{2}{3}r^3) = \frac{5}{6}mr^2$$

Infine

$$I = I^B + I^L = mr^2 \begin{pmatrix} \frac{10}{3} & 0 & 0 \\ 0 & \frac{10}{3} & 0 \\ 0 & 0 & 2 \end{pmatrix}$$

Soluzione esercizio 2

Introduciamo un sistema di coordinate cartesiano con origine in M e coordinata y orientata verso il basso. Sia G is centro del cerchio.

$$G = (r\theta, r)$$
$$B = (r\theta + r\cos\theta, r - r\sin\theta)$$
$$A = (r\theta - r\cos\theta, r + r\sin\theta)$$
$$A + \frac{1}{2}\vec{AC} = r(\theta - \cos\theta, 1 + \sin\theta) + r(\sin\beta, \cos\beta)$$
$$B + \frac{1}{2}\vec{BD} = r(\theta + \cos\theta, 1 - \sin\theta) + r(\sin\beta, \cos\beta)$$
$$G + \vec{AC} = (r\theta, r) + 2r(\sin\beta, \cos\beta)$$

L'energia potenziale è (zero del potenziale gravitazionale nel centro del cerchio)

$$V = \frac{k}{2}r^2[(\theta - \cos\theta + 4)^2 + (1 + \sin\theta)^2 + (\theta + \cos\theta - 4)^2 + (1 - \sin\theta)^2]$$
$$- mgr[(\sin\theta + \cos\beta) + (-\sin\theta + \cos\beta) + 2\cos\beta]$$
$$= kr^2[1 + \sin^2\theta + \theta^2 + (4 - \cos\theta)^2] - 4kr^2\cos\beta$$
$$= 2kr^2[9 - 4\cos\theta + \theta^2 - 2\cos\beta]$$

Si ha

$$\frac{\partial V}{\partial \theta} = 0 \Rightarrow 2\sin\theta + \theta = 0$$
$$\frac{\partial V}{\partial \beta} = 0 \Rightarrow \sin\beta = 0$$

quindi $\theta = 0$ e $\beta = 0, \pi$. L'espansione di Taylor in $\theta = 0, \beta = 0$ è

$$V = cnst + 2kr^2(3\theta^2 + \beta^2) + o(\theta^2, \beta^2, \theta\beta)$$

da cui si vede che l' Hessiano vale

$$B = 4kr^2 \begin{pmatrix} 3 & 0 \\ 0 & 1 \end{pmatrix}$$

L'altro punto stazionario è instabile. Veniamo all'energia cinetica. Quella del cerchio più l'asta AB si trova da

$$I_G = mr^2 + \frac{1}{12}m(2r)^2 = \frac{4}{3}mr^2 \Rightarrow I_E = \frac{10}{3}mr^2$$

quindi l'energia cinetica di questi due corpi è $\frac{5}{3}mr^2\dot\theta^2$. Veniamo all'asta AC

$$\frac{d}{dt}(A + \frac{1}{2}\vec{AC}) = r(1 + \sin\theta, \cos\theta)\dot\theta + r(\cos\beta, -\sin\beta)\dot\beta$$

quindi la velocità del suo centro di massa è

$$(v^{AC})^2 = r^2\{[(1+\sin\theta)\dot\theta + \cos\beta\dot\beta]^2 + [\cos\theta\dot\theta - \sin\beta\dot\beta]^2\}$$

e l'energia cinetica

$$T^{AC} = \frac{m}{2}r^2\{[(1+\sin\theta)\dot\theta + \cos\beta\dot\beta]^2 + [\cos\theta\dot\theta - \sin\beta\dot\beta]^2\} + \frac{1}{2}(\frac{1}{12}m(2r)^2)\dot\beta^2$$

Analogamente

$$(v^{BD})^2 = r^2\{[(1-\sin\theta)\dot\theta + \cos\beta\dot\beta]^2 + [-\cos\theta\dot\theta - \sin\beta\dot\beta]^2\}$$

$$T^{BD} = \frac{m}{2}r^2\{[(1-\sin\theta)\dot\theta + \cos\beta\dot\beta]^2 + [-\cos\theta\dot\theta - \sin\beta\dot\beta]^2\} + \frac{1}{2}(\frac{1}{12}m(2r)^2)\dot\beta^2$$

Infine per quanto riguarda l'asta CD

$$\frac{d}{dt}G + \vec{AC} = r(\dot\theta + 2\cos\beta\dot\beta, -2\sin\beta\dot\beta)$$

quindi

$$(v^{CD})^2 = r^2[(\dot\theta + 2\cos\beta\dot\beta)^2 + 4\sin^2\beta\dot\beta^2]$$

e

$$T^{CD} = \frac{m}{2}r^2[(\dot\theta + 2\cos\beta\dot\beta)^2 + 4\sin^2\beta\dot\beta^2] + \frac{1}{2}(\frac{1}{12}m(2r)^2)\dot\theta^2$$

Infine nel punto stazionario

$$T \simeq mr^2\left(\frac{13}{3}\dot\theta^2 + \frac{10}{3}\dot\beta^2 + 4\dot\theta\dot\beta\right)$$

quindi

$$A = mr^2\begin{pmatrix}\frac{26}{3} & 4 \\ 4 & \frac{20}{3}\end{pmatrix}$$

...

4.3 Esame 7: 14 settembre 2016

Esercizio 1

Sono date due curve 1 e 2, ciascuna di massa m. Abbiamo tratteggiato un cubo di lato l per farne capire la disposizione. La curva 1 è un segmento, la 2 è un quarto di cerchio.

4.3. ESAME 7: 14 SETTEMBRE 2016

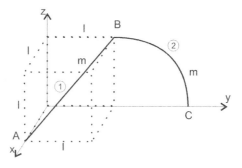

(a) Calcolare $I^1_{xy}, I^1_z, I^2_z, I^2_x$.

Esercizio 2

Un disco omogeneo di raggio r e massa m è posto dentro una conca di raggio $3r$, vedi figura (non in scala). Il disco rotola senza scivolare dentro la conca. L'angolo con la verticale che determina la posizione del centro del disco è θ. Una guida orizzontale fissa si trova a distanza r dal fondo della conca. Su tale guida un disco omogeneo di raggio r e massa m rotola senza scivolare. Il suo centro è determinato da una coordinata x come in figura. Le coordinate lagrangiane sono θ e x. I centri dei due dischi sono collegati da una molla di costante elastica k e lunghezza a riposo trascurabile. Vale $kr = mg$ e nelle formule che calcolerete si sostituisca g in favore di k. Gli unici corpi che si muovono sono i due dischi.

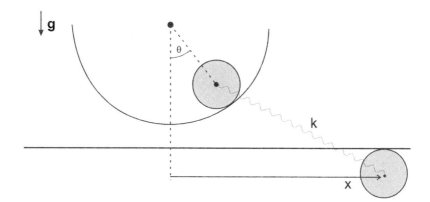

(a) Scrivere l'energia potenziale, determinare punti stazionari, discuterne la stabilità

(b) Scrivere l'energia cinetica,

(c) Determinare modi e pulsazioni piccole oscillazioni (conviene introdurre una variabile $y = \theta r$ per ragioni dimensionali).

Soluzione esercizio 1

$$I^1_{xy} = -\frac{1}{6}ml^2,$$
$$I^1_z = \frac{2}{3}ml^2,$$
$$I^2_z = \left(\frac{3}{2} + \frac{4}{\pi}\right)ml^2,$$
$$I^2_x = \left(2 + \frac{4}{\pi}\right)ml^2$$

Soluzione esercizio 2

$$V = \frac{k}{2}\left(x^2 - 4r\sin\theta x - 24r^2\cos\theta\right) + costante$$
$$T = 3mr^2\dot\theta^2 + \frac{3}{4}m\dot x^2$$

5. Esercizi d'esame: 2017–2018

5.1 Esame 1: novembre-dicembre 2017

Esercizio 1: (primo compitino) 16 novembre 2017

È dato il sistema in figura costituito da una guida verticale fissa e da un'asta di massa m vincolata a restare inclinata di $30°$ rispetto all'orizzontale (la lunghezza dell'asta e la posizione del centro di massa all'istante iniziale non sono rilevanti ai fini dell'esercizio). Sull'asta appoggiano due dischi di raggio r e massa m. Nei punti di contatto A, Q, P c'è rotolamento puro. Sono presenti due molle e vale la relazione $kr = mg$. Nei calcoli bisogna eliminare g in favore di k. Le coordinate generalizzate sono gli allungamenti x della molla in verticale e y della molla in diagonale.

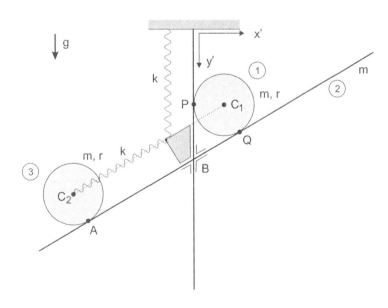

1. Calcolare V e discutere la stabilità.
2. Calcolare T.
3. Discutere le piccole oscillazioni.

Esercizio 2: (primo compitino, ripetizione): 7 dicembre 2017

È data un'asta orizzontale di massa m saldata a un'asta verticale di massa nulla. Il corpo, a forma di L, oscilla collegato a un piano orizzontale fisso con due corde di massa nulla. Sull'asta orizzontale è appoggiato un disco di massa m e raggio r, e un altro disco uguale è vincolato a muoversi rotolando sulla guida verticale. Nei punti di contatto P e Q c'è rotolamento puro. La molla ha costante elastica k e vale $kr = mg$, dove nei conti bisogna sostituire g in favore di k. Il centro G_3 del disco appoggiato al piano è vincolato a muoversi su una guida verticale, ferma rispetto al riferimento inerziale (non rispetto al corpo che oscilla). Si ha una forza di espressione

$$\boldsymbol{F} = -2kx(1 + \frac{y}{r})\boldsymbol{i} - (\pm 1 + \frac{x^2}{r^2})kr\boldsymbol{j},$$

applicata all'estremità destra dell'asta, dove (x, y) sono le coordinate cartesiane in figura. Ai fini del problema la lunghezza dell'asta non serve. Le coordinate generalizzate sono (θ, z).

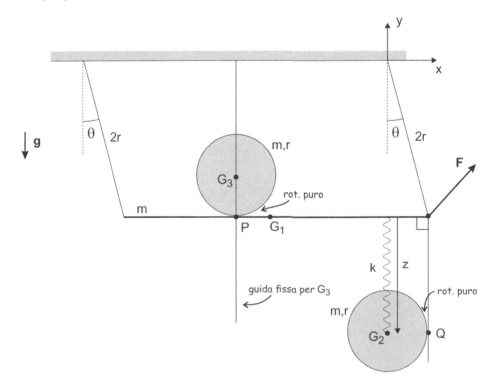

5.1. ESAME 1: NOVEMBRE-DICEMBRE 2017

1. Calcolare V, trovare i punti stazionari, discutere la stabilità.

2. Calcolare T.

3. Discutere le piccole oscillazioni.

Esercizio 3: (secondo compitino) 19 dicembre 2017

È dato il sistema di corpi in figura.

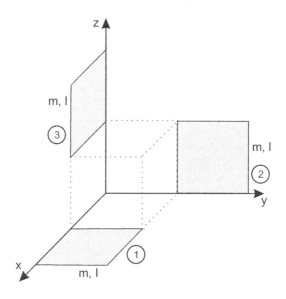

1. Calcolare le matrici d'inerzia $I^{(1)}$, $I^{(2)}$, $I^{(3)}$ dei singoli corpi, e quella totale I.

2. Discutere le simmetrie.

3. Determinare momenti d'inerzia principali e terna di assi principali.

Soluzione esercizio 1

Si ha
$$V_{molle} = \frac{1}{2}k(x^2 + y^2)$$
e
$$V_{grav}^{(1)} = -mgx + cost.$$

Siano (x_0, y_0) le coordinate generalizzate della configurazione disegnata in figura. Dobbiamo solo capire di quanto cambia il potenziale dell'asta quando variamo x di Δx. Poiché P è il centro istantaneo di rotazione del disco, questo ruota di $\Delta\theta = \Delta x/r$.

Guardiamo il disco dal punto di vista del suo rifermento del centro di massa. A seguito della rotazione l'asta verticale sale di Δx mentre quella trasversa scorre di Δx nella sua direzione.

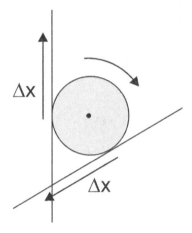

Quindi nel riferimento originario il centro di massa G_2 si sposta del seguente vettore

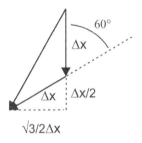

quindi

$$G_2 = G_2(x_0, y_0) + (-\frac{\sqrt{3}}{2}\Delta x, \frac{3}{2}\Delta x)$$

$$= cost + (-\frac{\sqrt{3}}{2}x, \frac{3}{2}x)$$

$$\dot{G}_2 = (-\frac{\sqrt{3}}{2}\dot{x}, \frac{3}{2}\dot{x}) \Rightarrow \dot{G}_2^2 = 3\dot{x}^2$$

$$V_{grav}^{(2)} = -\frac{3}{2}mgx + cost$$

$$C_2 = G_3 = G_3(x_0, y_0) + (-\frac{\sqrt{3}}{2}\Delta y, \Delta x + \frac{\Delta y}{2}) = cost + (-\frac{\sqrt{3}}{2}y, x + \frac{y}{2})$$

$$V_{grav}^{(3)} = -mg(x + \frac{y}{2}) + cost$$

$$V = \frac{1}{2}k(x^2+y^2) - \frac{mg}{2}(7x+y) + cost = \frac{k}{2}[x^2+y^2 - r(7x+y)] + cost$$

$$\frac{\partial V}{\partial x} = \frac{k}{2}(2x-7r), \qquad \frac{\partial V}{\partial y} = \frac{k}{2}(2y-r)$$

Punto stazionario $(x,y) = \frac{r}{2}(7,1)$.

$$\frac{\partial^2 V}{\partial x^2} = k, \quad \frac{\partial^2 V}{\partial y^2} = k, \quad \frac{\partial^2 V}{\partial x \partial y} = 0, \quad \Rightarrow \quad B = k \begin{pmatrix} 1 & 0 \\ 0 & 1 \end{pmatrix}$$

$$T^{(1)} = \frac{1}{2} I_P \left(\frac{\dot x}{r}\right)^2 = \frac{3}{4} m \dot x^2$$

$$T^{(1)} = \frac{1}{2} m v_{G_2}^2 = \frac{3}{2} m \dot x^2.$$

Qui $v_{G_2} = v_Q$ e v_Q si può anche trovare usando il fatto che P è il centro istantaneo di rotazione del primo disco

$$\overline{PQ} = 2\left(\frac{\sqrt{3}}{2}r\right) = \sqrt{3}\,r$$

$$v_Q = \omega \overline{PQ} = \frac{\dot x}{r}\sqrt{3}\,r = \sqrt{3}\,\dot x$$

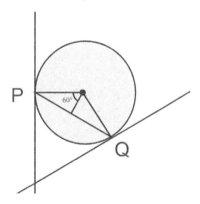

Infine

$$\dot C_2 = \left(-\frac{\sqrt{3}}{2}\dot y, \dot x + \frac{\dot y}{2}\right) \quad \Rightarrow \quad \dot C_2^2 = \dot x^2 + \dot y^2 + \dot x \dot y$$

Per calcolarci ω_2 mettiamoci in un riferimento che si muove $\dot x$ verso il basso e imponiamo la condizione di rotolamento puro in A. Vediamo C_2 e A muoversi con velocità $\dot y$ e $\dot x$ nella stessa direzione diagonale, quindi $\omega_2 = (\dot y - \dot x)/r$ e

$$T^{(3)} = \frac{1}{2}m(\dot x^2 + \dot y^2 + \dot x \dot y) + \frac{1}{2}\left(\frac{1}{2}mr^2\right)\left(\frac{\dot y - \dot x}{r}\right)^2 = \frac{3}{4}m(\dot x^2 + \dot y^2)$$

$$T = \frac{1}{2}m(6\dot x^2 + \frac{3}{2}\dot y^2) \quad \Rightarrow \quad A = m \begin{pmatrix} 6 & 0 \\ 0 & \frac{3}{2} \end{pmatrix}$$

Infine,
$$\omega_1 = \sqrt{\frac{k}{6m}}, \quad \omega_2 = \sqrt{\frac{2}{3}\frac{k}{m}}$$

e
$$v_1 = \begin{pmatrix} 1 \\ 0 \end{pmatrix}, \quad v_2 = \begin{pmatrix} 0 \\ 1 \end{pmatrix}.$$

Soluzione esercizio 2

Si ha
$$\nabla \times \boldsymbol{F} = \left(\frac{\partial F_y}{\partial x} - \frac{\partial F_x}{\partial y}\right)\boldsymbol{k} = -\frac{2k}{r}x + 2kx\frac{1}{r} = 0$$

$\boldsymbol{F}$ è definita e C^1 ovunque quindi il potenziale esiste. Per determinarlo integriamo su una curva $\gamma = \eta \circ \sigma$ dove σ è un tratto orizzontale sull'ascissa che congiunge l'origine $(0,0)$ con $(x,0)$ mentre η è un tratto verticale che congiunge $(x,0)$ a (x,y)

$$U(x,y) = \int_\gamma \boldsymbol{F} \cdot \mathrm{d}\boldsymbol{l} = \int_\sigma \boldsymbol{F} \cdot \mathrm{d}\boldsymbol{l} + \int_\eta \boldsymbol{F} \cdot \mathrm{d}\boldsymbol{l}$$
$$= \int_0^x F_x(x',0)\mathrm{d}x' + \int_0^y F_y(x,y')\mathrm{d}y'$$
$$= \int_0^x (-2kx')\mathrm{d}x' + \int_0^y -(\pm 1 + \frac{x^2}{r^2})kr\,\mathrm{d}y'$$
$$= -kx^2 - (\pm 1 + \frac{x^2}{r^2})kry = -kx^2(1 + \frac{y}{r}) \mp kry$$

$$V_F = -U = kx^2(1 + \frac{y}{r}) \pm kry$$

ma $x = 2r\sin\theta$, $y = -2r\cos\theta$,
$$V_F(\theta) = 4kr^2\sin^2\theta(1 - 2\cos\theta) \mp 2kr^2\cos\theta$$

$$V_1 = -mg2r\cos\theta = -2kr^2\cos\theta$$
$$V_3 = -mg(2r\cos\theta - r) = -2kr^2\cos\theta + cost$$
$$V_2 = \frac{1}{2}kz^2 - mg(2r\cos\theta + z) = \frac{1}{2}kz^2 - kr(2r\cos\theta + z)$$

L'asta ha velocità angolare nulla e tutti i punti hanno velocità $2r\dot\theta$ quindi
$$T_1 = \frac{1}{2}m(2r\dot\theta)^2 = 2mr^2\dot\theta^2$$

$$G_2 = (2r\sin\theta + cost, -2r\cos\theta - z)$$
$$\dot G_2 = (2r\cos\theta\dot\theta, 2r\sin\theta\dot\theta - \dot z)$$

$$v_2^2 = 4r^2\dot\theta^2 + \dot z^2 - 4r\sin\theta\dot\theta\dot z$$

$$T_2 = \frac{1}{2}m(4r^2\dot\theta^2 + \dot z^2 - 4r\sin\theta\dot\theta\dot z) + \frac{1}{2}(\frac{1}{2}mr^2)(\frac{\dot z}{r})^2 = \frac{3}{4}\dot z^2 + 2m(r^2\dot\theta^2 - r\sin\theta\dot\theta\dot z)$$

$$G_3 = (cost, -2r\cos\theta + r)$$

$$\dot G_3 = (0, 2r\sin\theta\dot\theta)$$

$$v_3^2 = 4r^2\sin^2\theta\dot\theta^2$$

Prendiamo la componente 3 dell'equazione

$$\boldsymbol{v}(P) - \boldsymbol{v}(G_3) = \boldsymbol{\omega}_3 \times (P - G_3)$$

ovvero $v_x(P) = \omega_3 r$. Ma $v_x(P) = 2r\dot\theta\cos\theta$, quindi $\omega_3 = 2\dot\theta\cos\theta$

$$T_3 = \frac{1}{2}m(4r^2\sin^2\theta\dot\theta^2) + \frac{1}{2}(\frac{1}{2}mr^2)(2\dot\theta\cos\theta)^2 = mr^2\dot\theta^2(1+\sin^2\theta).$$

$$V = 4kr^2\sin^2\theta(1 - 2\cos\theta) \mp k2r^2\cos\theta - 6kr^2\cos\theta + \frac{1}{2}kz^2 - krz$$
$$= 4kr^2\sin^2\theta(1 - 2\cos\theta) - kr^2\cos\theta(6 \pm 2) + \frac{1}{2}kz^2 - krz$$

$$\frac{\partial V}{\partial \theta} = 4kr^2(2\sin\theta\cos\theta)(1 - 2\cos\theta) + 8kr^2\sin^3\theta + kr^2\sin\theta(6 \pm 2)$$
$$= \sin\theta kr^2(8\cos\theta(1 - 2\cos\theta) + 8\sin^2\theta + 6 \pm 2)$$

$$\frac{\partial V}{\partial z} = k(z - r)$$

C'è un punto stazionario per $(\theta, z) = (0, 0)$.

$$\left.\frac{\partial^2 V}{\partial \theta^2}\right|_{punto\ staz.} = \cos\theta kr^2(8\cos\theta(1 - 2\cos\theta) + 8\sin^2\theta + 6 \pm 2)\big|_{punto\ staz}$$

che vale 0 o -4 (casi superiore/primo e inferiore/secondo).

$$\left.\frac{\partial^2 V}{\partial z^2}\right|_{punto\ staz.} = k, \qquad \left.\frac{\partial^2 V}{\partial z \partial \theta}\right|_{punto\ staz.} = 0$$

Quindi il primo caso, almeno al secondo ordine, è indifferente mentre il secondo caso è instabile. Di fatto esistono altri punti stazionari che non consideriamo qui.

Soluzione esercizio 3 (primo del secondo compitino)

Calcoliamoci la matrice per il corpo 1. Per il teorema dei sistemi piani

$$I_z^{(1)} = I_x^{(1)} + I_y^{(1)}$$

e $I_{xz}^{(1)} = I_{yz}^{(1)} = 0$,

$$I_x^{(1)} = \frac{1}{3}ml^2$$

$$I_y^{(1)} = \frac{1}{12}ml^2 + m(\frac{3}{2}l)^2 = \frac{7}{3}ml^2$$

$$I_z^{(1)} = \frac{8}{3}ml^2$$

$$I_{xy}^{(1)} = -mx_G y_G = -m\frac{3}{2}l\frac{1}{2}l = -\frac{3}{4}ml^2.$$

$$I^{(1)} = \frac{1}{12}ml^2 \begin{pmatrix} 4 & -9 & 0 \\ -9 & 28 & 0 \\ 0 & 0 & 32 \end{pmatrix}.$$

Permutando gli assi si ottiene

$$I^{(2)} = \frac{1}{12}ml^2 \begin{pmatrix} 32 & 0 & 0 \\ 0 & 4 & -9 \\ 0 & -9 & 28 \end{pmatrix}$$

$$I^{(3)} = \frac{1}{12}ml^2 \begin{pmatrix} 28 & 0 & -9 \\ 0 & 32 & 0 \\ -9 & 0 & 4 \end{pmatrix}$$

Infine la somma è

$$I = \frac{1}{12}ml^2 \begin{pmatrix} 64 & -9 & -9 \\ -9 & 64 & -9 \\ -9 & -9 & 64 \end{pmatrix}$$

La rotazione di 120° intorno a $v = (1, 1, 1)$ porta il corpo in se stesso quindi è una simmetria. Per conseguenza v individua un asse principale e l'ellissoide è tondo. Una terna principale è formata dai seguenti vettori ortogonale

$$\begin{pmatrix} 1 \\ -1 \\ 0 \end{pmatrix} \quad \begin{pmatrix} 1 \\ 1 \\ -2 \end{pmatrix}$$

I momenti principali d'inerzia sono

$$I \begin{pmatrix} 1 \\ 1 \\ 1 \end{pmatrix} = \frac{23}{6}ml^2 \begin{pmatrix} 1 \\ 1 \\ 1 \end{pmatrix} \quad \Rightarrow \quad I_1 = \frac{23}{6}ml^2$$

$$I \begin{pmatrix} 1 \\ -1 \\ 0 \end{pmatrix} = \frac{73}{12}ml^2 \begin{pmatrix} 1 \\ -1 \\ 0 \end{pmatrix} \quad \Rightarrow \quad I_2 = I_3 = \frac{73}{12}ml^2.$$

5.2 Esame 2: 9 gennaio 2018

Esercizio 1

Una semisfera di massa m e raggio r (solo superficie) è disposta come in figura. Calcolare la matrice d'inerzia e discutere le simmetrie.

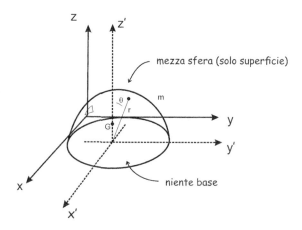

Esercizio 2

Sono dati due dischi di massa m e raggio r e un'asta di massa m (e lunghezza irrilevante) disposti come in figura. Il primo disco (corpo 1) è appoggiato su un piano inclinato. Un'asta verticale (corpo 2) tocca il primo disco e un secondo disco (corpo 3). Le molle hanno costante elastica k e nei punti di contatto P, Q, R c'è rotolamento puro. L'asta è vincolata a traslare restando verticale. Si assuma la relazione $mg = kr$ e si elimini g in favore di k. Le coordinate generalizzate sono x e y.

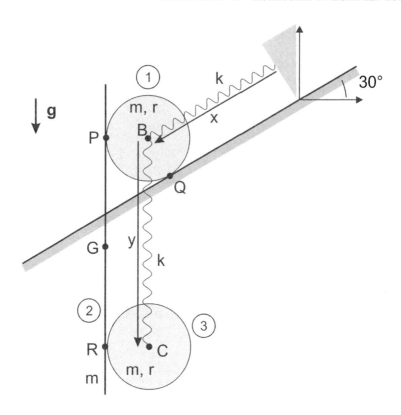

(a) Trovare l'energia potenziale V, i suoi punti stazionari e discutere la stabilità,

(b) Trovare l'energia cinetica T,

(c) Studiare le piccole oscillazioni.

Soluzione esercizio 1

Il momento di una sfera cava è $\frac{2}{3}mr^2$ quindi rispetto agli assi primati (non sono baricentrici)

$$I' = \frac{2}{3}mr^2 \begin{pmatrix} 1 & 0 & 0 \\ 0 & 1 & 0 \\ 0 & 0 & 1 \end{pmatrix}.$$

I momenti d'inerzia per la terna di assi primati e e per quella di assi baricentrici in alcuni casi non differiscono e si può applicare Huygens-Steiner

$$I_z = I'_z + m(\sqrt{2}r)^2 = \frac{8}{3}mr^2$$

$$I_{xy} = I_{x'y'} - mr^2 = -mr^2$$

Per trovare I_x conviene completare la sfera (ridistribuire la massa su tutta la sfera non cambia I_x) e applicare Huygens-Steiner

$$I_x = \frac{2}{3}mr^2 + mr^2 = \frac{5}{3}mr^2 = I_y$$

$$I_{xz} = -\frac{m}{2\pi r^2}\int xz\sin\theta d\theta d\varphi = -\frac{m}{2\pi r^2}\int (r\sin\theta\cos\varphi + r)r\cos\theta r^2\sin\theta d\theta d\varphi$$
$$= -\frac{m}{2\pi}r^{@}2\pi\int_0^{2\pi}\cos\theta\sin\theta d\theta = -mr^2\frac{\sin^2\theta}{2}\Big|_{\theta=0}^{\theta=\pi/2} = -\frac{mr^2}{2}$$

Infine

$$I = \frac{mr^2}{6}\begin{pmatrix} 10 & -6 & -3 \\ -6 & 10 & -3 \\ -3 & -3 & 16 \end{pmatrix}$$

Per simmetria $(1,-1,0)^T$ è un autovettore di momento principale $\frac{8}{3}mr^2$.

Soluzione esercizio 2

La prima energia potenziale è

$$V^{(1)} = -mg\frac{x}{2} + \frac{1}{2}kx^2 = -kr\frac{x}{2} + \frac{1}{2}kx^2.$$

A meno di costanti irrilevanti la posizione di C è data dalla seguente espressione.

$$C = (-\frac{\sqrt{3}}{2}x, -\frac{x}{2} - y) \quad \Rightarrow \quad \dot{C}^2 = \frac{3}{4}\dot{x}^2 + (\frac{\dot{x}}{2} + \dot{y})^2.$$

Da qui otteniamo

$$V^{(3)} = -mg(\frac{x}{2} + y) + \frac{1}{2}ky^2 = -kr(\frac{x}{2} + y) + \frac{1}{2}ky^2,$$

$$V^{(2)} = -mg\frac{3}{2}x + cost = -kr\frac{3}{2}x + cost.$$

Per quanto riguarda le energie cinetiche

$$T^{(1)} = \frac{1}{2}(\frac{1}{2}mr^2 + mr^2)(\frac{\dot{x}}{r})^2 = \frac{3}{4}m\dot{x}^2$$

La posizione di G deve tenere conto del rotolamento dell'asta sul disco in alto. Ruotando in senso antiorario il disco spinge l'asta ulterioremnte verso il basso (può essere utile mettersi nel riferimento del centro di massa del disco 1 per capire l'enrità di questa traslazione)

$$G = (-\frac{\sqrt{3}}{2}x + cost, -\frac{3}{2}x + cost)$$

$$\dot{G} = (-\frac{\sqrt{3}}{2}\dot{x}, -\frac{3}{2}\dot{x}) \quad \Rightarrow \quad \dot{G}^2 = 3\dot{x}^2$$

$$T^{(2)} = \frac{1}{2}m 3\dot{x}^2,$$

$$T^{(3)} = \frac{1}{2}(\frac{3}{4}\dot{x}^2 + (\frac{\dot{x}}{2} + \dot{y})^2) + \frac{1}{2}(\frac{1}{2}mr^2)(\frac{\dot{y}-\dot{x}}{r})^2$$

L'energia potenziale totale è

$$V = \frac{1}{2}k(x^2+y^2) - kr\frac{5}{2}x - kry.$$

Veniamo a determinare il punto stazionario. Dalle derivate prime

$$\frac{1}{k}\frac{\partial V}{\partial x} = x - r\frac{5}{2},$$
$$\frac{1}{k}\frac{\partial V}{\partial y} = y - r,$$

troviamo che il punto stazionario è $(x,y) = r(\frac{5}{2}, 1)$. L'Hessiano di V valutato sul punto stazionario risulta essere

$$B = k\begin{pmatrix} 1 & 0 \\ 0 & 1 \end{pmatrix}.$$

L'energia cinetica totale è

$$T = \frac{9}{4}m\dot{x}^2 + \frac{1}{2}m\{\frac{3}{4}\dot{x}^2 + (\frac{\dot{x}}{2}+\dot{y})^2\} + \frac{1}{2}(\frac{1}{2}mr^2)(\frac{\dot{y}-\dot{x}}{r})^2 = 3m\dot{x}^2 + \frac{3}{4}m\dot{y}^2.$$

L'Hessiano dell'energia cinetica è

$$A = m\begin{pmatrix} 6 & 0 \\ 0 & 3/2 \end{pmatrix}.$$

Infine, le pulsazioni dei modi normali sono

$$\omega_1 = \sqrt{\frac{k}{6m}}, \quad \omega_2 = \sqrt{\frac{2k}{3m}},$$

Gli autovettori sono $(1,0)^T$ e $(0,1)^T$.

5.3 Esame 3: 24 gennaio 2018

Esercizio 1

Sono date quattro aste di massa m disposte come in figura. Il cubo tratteggiato di lato l è solo per riferimento. Chiaramente, le aste non hanno tutte la stessa lunghezza.

(a) Calcolare la matrice d'inerzia,

(b) Discutere le simmetrie, gli assi e momenti principali d'inerzia.

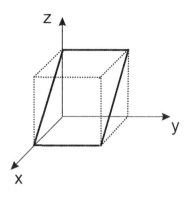

Esercizio 2

Un disco di massa m e raggio m è saldato a un'asta di massa m e lunghezza $6r$ (così formando il corpo 1). Il disco rotola su un piano orizzontale e una coordinata x ne determina la posizione del centro. Sappiamo che quando $x = 0$ l'asta è orizzontale.

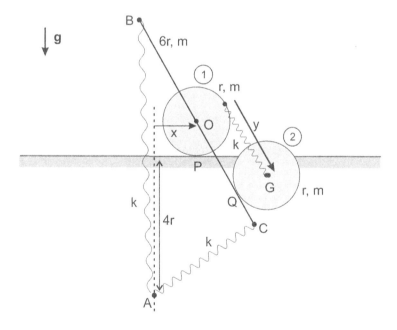

Da un punto fisso A tale che $x(A) = 0$ partono due molle di costante elastica k collegate alle estremità dell'asta. Sull'asta rotola un ulteriore disco (corpo 2), uguale al primo, collegato con una terza molla al primo disco così come illustrato in figura.

La lunghezza della seconda molla è y. Sui punti P, Q c'è rotolamento puro. Si supponga che valga la relazione $mg = kr$ e si sostituisca g in favore di k nell'espressione dell'energia potenziale. Le coordinate generalizzate sono x e y.

(a) Trovare $V^{(1)}$ e $V^{(2)}$,

(b) Trovare $T^{(1)}$ e $T^{(2)}$,

(c) Discutere le piccole oscillazioni.

Soluzione sercizio 1

Calcoliamoci I_z e I_{xy}. La compressione lungo z fornisce una cornice quadrata di lato l in cui ciascuna asta ha massa m.

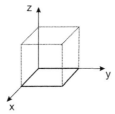

Di questa ci possiamo facilmente calcolare

$$I_z = 2(\frac{1}{3}ml^2) + 2\{\frac{1}{12}ml^2 + ml^2(1 + (\frac{1}{2})^2)\} = \frac{10}{3}ml^2 = I_x$$

Usando Huygens-Steiner sul sistema compresso

$$I_{xy} = -4m(\frac{r}{2})^2 = -ml^2 = I_{zy}$$

Veniamo al calcolo di I_y e I_{xz}. La compressione lungo y fornisce un'asta di massa $2m$ alla cui estremità si trovano due punti di massa m

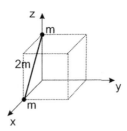

$$I_y = 2(ml^2) + \frac{1}{12}(2m)(\sqrt{2}l)^2 + 2m(\frac{l}{\sqrt{2}})^2 = \frac{10}{3}ml^2$$

5.3. ESAME 3: 24 GENNAIO 2018

Il momento centrifugo I_{xz} dei punti materiali del sistema compresso è zero perché o l'una o l'altra coordinata si annulla sul punto considerato. Resta quindi quello dell'asta che ci calcoliamo con un integrale

$$I_{xz} = -\int xz\,\mathrm{d}m = -\int_0^l x(l-x)\frac{2m}{l}\mathrm{d}x = -\frac{2m}{l}\left(\frac{l^3}{2} - \frac{l^3}{3}\right) = -\frac{1}{3}ml^2$$

Infine

$$I = \frac{1}{3}ml^2 \begin{pmatrix} 10 & -3 & -1 \\ -3 & 10 & -3 \\ -1 & -3 & 10 \end{pmatrix}.$$

Soluzione sercizio 2

L'angolo θ di cui ha ruotato (in senso orario) l'asta rispetto alla posizione orizzontale è pari a x/r. Introduciamo opportune coordinate cartesiane ed esprimiamo la posizione di alcuni punti di interesse (ad ogni passaggio basta individuare l'espressione del vettore differenza)

$$O = (x, r),$$
$$Q = (x + y\cos(x/r), r - y\sin(x/r)),$$
$$G = (x + y\cos(x/r) + r\sin(x/r), r - y\sin(x/r) + r\cos(x/r)),$$
$$C = (x + 3r\cos(x/r), r - 3r\sin(x/r)),$$
$$B = (x - 3r\cos(x/r), r + 3r\sin(x/r)),$$
$$A = (0, -4r),$$
$$B - A = (x - 3r\cos(x/r), 5r + 3r\sin(x/r)),$$
$$C - A = (x + 3r\cos(x/r), 5r - 3r\sin(x/r)),$$
$$(B-A)^2 + (C-A)^2 = 2x^2 + 18r^2 + 25r^2$$

Le energie potenziali sono

$$V^{(1)} = kx^2 + cost,$$
$$V^{(2)} = kr\bigl(r - y\sin(x/r) + r\cos(x/r)\bigr) + \frac{1}{2}ky^2$$

Veniamo alle energie cinetiche

$$T^{(1)} = \frac{1}{2}I_P\left(\frac{\dot{x}}{r}\right)^2 = \frac{1}{2}\left(\frac{1}{2}mr^2 + mr^2 + \frac{1}{12}m(6r)^2 + mr^2\right)\left(\frac{\dot{x}}{r}\right)^2 = \frac{11}{4}m\dot{x}^2$$

Posto $\theta = x/r$

$$\dot{G} = (\dot{x} + \dot{y}\cos\theta - \frac{\dot{x}}{r}y\sin\theta + \dot{x}\cos\theta, -\dot{y}\sin\theta - \frac{\dot{x}}{r}y\cos\theta - \dot{x}\sin\theta),$$

$$\dot{G}^2 = (\dot{x} + \dot{y}\cos\theta - \frac{\dot{x}}{r}y\sin\theta + \dot{x}\cos\theta)^2 + (-\dot{y}\sin\theta - \frac{\dot{x}}{r}y\cos\theta - \dot{x}\sin\theta)^2$$

$$= 2\dot{x}^2 + \dot{y}^2 + \left(\frac{\dot{x}y}{r}\right)^2 + 2\dot{x}(\dot{y}\cos\theta - \frac{\dot{x}}{r}y\sin\theta + \dot{x}\cos\theta) + 2\dot{x}\dot{y},$$

$$T^{(2)} = \frac{1}{2}m\dot{G}^2 + \frac{1}{2}(\frac{1}{2}mr^2)(\frac{\dot{y}+\dot{x}}{r})^2.$$

L'energia potenziale totale è

$$V = kx^2 + \frac{1}{2}ky^2 + kr(-y\sin(x/r) + r\cos(x/r)) + cost.$$

Veniamo ai punti stazionari

$$\frac{\partial V}{\partial x} = k(2x - y\cos(x/r) - r\sin(x/r)),$$
$$\frac{\partial V}{\partial y} = k(y - r\sin(x/r)),$$

$$\frac{\partial V}{\partial x} = \frac{\partial V}{\partial y} = 0 \quad \Rightarrow \quad 2x - r\sin(x/r)(1 + \cos(x/r)) = 0.$$

Nel secondo fattore il primo termine $r\sin(x/r)$ ha valore assoluto non superiore a $2|x|$ mentre il secondo fattore è non superiore a 2 quindi l'unica soluzione è $x = y = 0$. Calcoliamoci l'Hessiano

$$\frac{\partial^2 V}{\partial x^2} = k(2-1) = k,$$
$$\frac{\partial^2 V}{\partial x \partial y} = -k,$$
$$\frac{\partial^2 V}{\partial y^2} = k,$$

$$B = k\begin{pmatrix} 1 & -1 \\ -1 & 1 \end{pmatrix}.$$

Il determinante è 0 quindi a questa approssimazione l'equilibrio è indifferente. Bisognerebbe andare ad un ordine superiore per chiarire la stabilità del punto di equilibrio.

5.4 Esame 4: 21 febbraio 2018

Esercizio 1

Sono date due piastre rettangolari, ciascuna di massa m, disposte a 'tenda' come in figura. Determinare la matrice d'inerzia del sistema complessivo.

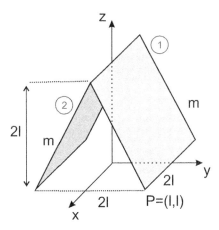

Esercizio 2

È dato un sistema composto da due cilindri pieni, un cilindro cavo e un piano, tutti di massa m e disposti come in figura. I due cilindri pieni rotolano su un piano inclinato fermo. Il piano di massa m è appoggiato sui due cilindri pieni, e sopra esso è appoggiato un cilindro cavo. In tutti i contatti c'è rotolamento puro. Le coordinate generalizzate sono x e y. Determinare l'accelerazione $\ddot{y}$.

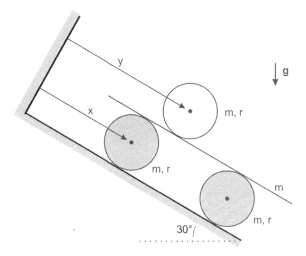

Esercizio 3

È data un'asta di massa $4m$ e lunghezza $3r$ (corpo 1) che scivola dentro una conca fissa di raggio $3r$. Sopra l'asta è appoggiato un disco di raggio r e massa m (corpo 2) il cui centro è vincolato a restare su una guida verticale passante per il centro della conca. Nei punti A e B c'è scivolamento senza attrito mentre nel punto di contatto P tra asta e disco abbiamo rotolamento puro.

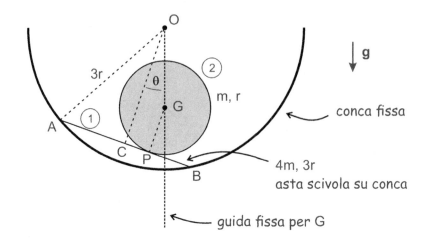

La coordinata generalizata è θ.

(a) Determinare l'energia cinetica T.

(b) Determinare l'energia potenziale V.

(c) Discutere le piccole oscillazioni.

Soluzione esercizio 1

Per calcolarci I_z e I_{xy} comprimiamo lungo z ottenendo un quadrato omogeneo di massa $2m$ e lato $2l$ sul piano xy. Ne segue $I_{xy} = 0$. Per calcolarci I_z possiamo ricomprimere nelle due direzioni ottenendo delle aste. Infine

$$I_z = \frac{1}{12} 2m((2l)^2 + (2l)^2) = \frac{4}{3} ml^2.$$

Per calcolarci I_y e I_{xz} comprimiamo lungo l'asse y ottenendo un rettangolo omogeneo di massa $2m$ e lati l e $2l$. Da qui per simmetria rispetto all'asse z, $I_{xz} = 0$, mentre I_y si può ottenere usando la formula dei sistemi piani e ricomprimendo nelle due direzioni x e z così riducendoci a due aste. Infine

$$I_y = \frac{12}{2} m(2l)^2 + \frac{1}{3} 2m(2l)^2 = \frac{10}{3} ml^2.$$

Per calcolarci I_x e I_{yz} coprimiamo lungo z ottenendo due aste inclinate

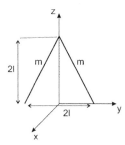

Per la simmetria per riflessione $I_{yz} = 0$. Sfruttiamo il fatto che si tratta di un sistema piano e ricomprimiamo nelle due direzioni riducendoci a due aste

$$I_x = \frac{1}{3}2m(2l)^2 + \frac{1}{12}2m(2l)^2 = \frac{10}{3}ml^2.$$

Infine

$$I = \frac{2}{3}ml^2 \begin{pmatrix} 5 & 0 & 0 \\ 0 & 5 & 0 \\ 0 & 0 & 2 \end{pmatrix}.$$

Soluzione esercizio 2

L'energia cinetica totale è

$$T = [\frac{1}{2}(2m)\dot{x}^2 + \frac{1}{2}(\frac{1}{2}(2m)r^2)(\frac{\dot{x}}{r})^2] + \frac{1}{2}m(2\dot{x})^2 + [\frac{1}{2}m\dot{y}^2 + \frac{1}{2}(mr^2)(\frac{\dot{y}-2\dot{x}}{r})^2]$$

dove tre termini evidenziati dalle quadre sono relativi ai due cilindri pieni, al piano, e al cilindro cavo. Ne segue

$$T = \frac{1}{2}m\{7\dot{x}^2 + \dot{y}^2 + (\dot{y}-2\dot{x})^2\}$$
$$= \frac{1}{2}m(11\dot{x}^2 + 2\dot{y}^2 - 4\dot{x}\dot{y})$$

Per quanto riguarda l'energia potenziale si ha

$$V = -mg\frac{y}{2} - 2mg\frac{x}{2} - mg\frac{2x}{2} = -mg(2x + \frac{y}{2})$$

dove i tre termini nella prima espressione sono relativi al cilindro cavo, ai cilindri pieni e al piano.

Le equazioni di Lagrange sono

$$11\ddot{x} - 2\ddot{y} = 2g,$$
$$2\ddot{y} - 2\ddot{x} = g/2,$$

da cui si ottiene $\ddot{y} = \frac{19}{36}g$.

Soluzione esercizio 3

In base alla geometria del problema $\overline{OC} = \frac{3r}{2}\sqrt{3}$

$$V^{(1)} = -4mg\frac{3r}{2}\sqrt{3}\cos\theta,$$

$$\frac{\overline{OC}}{\overline{OB}} = \frac{\overline{GP}}{\overline{GB}} \Rightarrow \overline{GB} = \frac{\overline{OB}}{\overline{OC}}\overline{GP} = \frac{r}{\cos\theta},$$

$$\overline{OG} = \overline{OB} - \overline{GB} = \frac{\overline{OC}}{\cos\theta} - \frac{r}{\cos\theta} = r(\frac{3}{2}\sqrt{3}-1)\frac{1}{\cos\theta},$$

$$V^{(2)} = -mgr(\frac{3}{2}\sqrt{3}-1)\frac{1}{\cos\theta}.$$

Si noti che $\frac{\partial V}{\partial \theta} \propto \frac{d\cos\theta}{d\theta} = \sin\theta$ quindi si ha un punto stazionario per $\theta = 0$. Per trovare b nell'espansione $V(\theta) = V(0) + \frac{1}{2}b\theta^2 + \cdots$ basta usare $\cos\theta = 1 - \frac{1}{2}\theta^2 + \cdots$ e $\frac{1}{1+x} = 1 - x + \cdots$, quindi

$$V = cost + \frac{\theta^2}{2}\left\{4mg\frac{3r}{2}\sqrt{3} - mgr(\frac{3}{2}\sqrt{3}-1)\right\} + \cdots$$

da cui $b = mgr(\frac{9}{2}\sqrt{3}+1) > 0$. Ne segue che l'equilibrio è stabile.

Veniamo all'energia cinetica

$$T^{(1)} = \frac{1}{2}I_O\dot\theta^2 = \frac{1}{2}\left(\frac{1}{12}4m(3r)^2 + 4m(\frac{3r}{2}\sqrt{3})^2\right)\dot\theta^2 = 15mr^2\dot\theta^2.$$

Si ha

$$\omega_{disco} = \dot\theta + \dot{\overline{CP}}/r,$$

$$\overline{CP} = \overline{CB} - r\tan\theta = (\overline{OC}-r)\tan\theta = (\frac{3\sqrt{3}}{2}-1)r\tan\theta,$$

$$\dot{\overline{CP}} = (\frac{3\sqrt{3}}{2}-1)\frac{r}{\cos^2\theta}\dot\theta,$$

$$\omega_{disco} = \dot\theta\left(1 + \frac{1}{\cos^2\theta}(\frac{3\sqrt{3}}{2}-1)\right),$$

$$v_G = \dot{\overline{OG}} = r(\frac{3\sqrt{3}}{2}-1)(-\frac{1}{\cos^2\theta})(-\sin\theta)\dot\theta,$$

$$T^{(2)} = \frac{1}{2}mr^2(\frac{3\sqrt{3}}{2}-1)^2\left(\frac{\sin\theta}{\cos^2\theta}\dot\theta\right)^2 + \frac{1}{2}(\frac{1}{2}mr^2)\dot\theta^2\left(1 + \frac{1}{\cos^2\theta}(\frac{3\sqrt{3}}{2}-1)\right)^2.$$

Nel punto stazionario $T = \frac{1}{2}a\dot\theta^2$ con

$$a = mr^2\left\{30 + \frac{1}{2}(\frac{3\sqrt{3}}{2})^2\right\} = mr^2(30 + \frac{27}{8}),$$

quindi la pulsazione delle piccole oscillazioni è

$$\omega = \sqrt{\frac{b}{a}} = \sqrt{\frac{g}{r}}\sqrt{\frac{\frac{9}{2}\sqrt{3}+1}{30+27/8}}.$$

5.5 Esame 5: 21 giugno 2018

Esercizio 1

È data una piastra rettangolare di massa m disposta come in figura. Determinare la matrice d'inerzia.

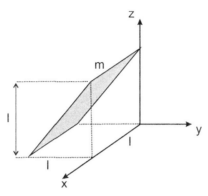

Esercizio 2

È dato un sistema costituito da 3 dischi uguali di massa m e raggio R e un'asta di massa trascurabile disposti come in figura. Uno dei dischi è vincolato a restare orizzontale mentre il centro, forato, passa da una guida filettata con passo $2\pi p$, con p avente dimensioni di una lunghezza.

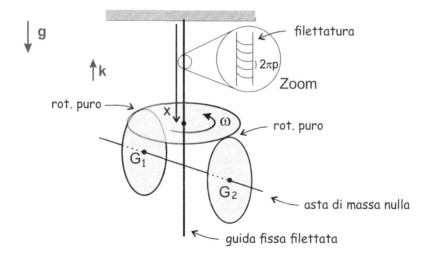

Mentre il disco scende ruota a causa della filettatura. Contemporaneamente due dischi verticali rotolano senza scivolare sul disco orizzontale. I loro centri, collegati dall'asta di massa nulla, sono vincolati a mantenere la stessa distanza $2R$, e il centro dell'asta passa dalla guida. La velocità angolare dell'asta orizzontale si denota con $\mathbf{\Omega} = \Omega(t)\mathbf{k}$, mentre quella del disco orizzontale si denota con. $\boldsymbol{\omega} = \omega(t)\mathbf{k}$. La funzione $\Omega(t)$ è data.

(a) Che relazione c'è tra $\dot{x}$ e ω?

(b) Scrivere T e V se $\Omega = 0$.

(c) Con che accelerazione cade il sistema se $\Omega = 0$?

(d) Scrivere T nel caso $\Omega(t)$ generico.

Soluzione esercizio 1

Utilizzando il metodo della compressione ci riduciamo a casi più semplici.

L'unico calcolo che richiede un integrale è I_{zy} che attraverso la compressione lungo l'asse x si riduce a un'asta posta in diagonale

$$I_{zy} = -\int zy\,\mathrm{d}m = -\int_{-l}^{0}(l+y)y\frac{m}{l}\mathrm{d}y = -\frac{m}{l}\left(\frac{ly^2}{2} + \frac{y^3}{3}\right)\Big|_{-l}^{0} = \frac{1}{6}ml^2.$$

Infine

$$I = \frac{1}{12}ml^2 \begin{pmatrix} 8 & 3 & -3 \\ 3 & 8 & 2 \\ -2 & 2 & 8 \end{pmatrix}.$$

Soluzione esercizio 2

Sia τ is tempo che il disco impiega a girare di 2π così avanzando di $2\pi p$, allora $\omega = \frac{2\pi}{\tau}$ e $\dot{x} = \frac{2\pi p}{\tau}$, quindi $\dot{x} = \omega p$. L'energia potenziale è

$$V = -3mgx + cost.$$

Sia $\Omega = 0$, i punti G_1 e G_2 hanno velocità $\dot{x}$ e i relativi dischi hanno velocità angolare ω quindi

$$T = 3\left(\frac{1}{2}m\dot{x}^2 + \frac{1}{2}\frac{1}{2}mR^2)(\frac{\dot{x}}{p})^2\right) = \frac{3}{2}m\dot{x}^2\left(1 + \frac{1}{2}(\frac{R}{p})^2\right).$$

Dall'equazione di Lagrange

$$\frac{\mathrm{d}}{\mathrm{d}t}\frac{\partial T}{\partial \dot{x}} - \frac{\partial T}{\partial x} = -\frac{\partial V}{\partial x},$$

otteniamo

$$3m\ddot{x}\left(1 + \frac{1}{2}(\frac{R}{p})^2\right) = 3mg \quad \Rightarrow \quad \ddot{x} = \frac{g}{1 + \frac{1}{2}(\frac{R}{p})^2}.$$

Nel caso generico mettiamoci in un riferimento solidale con l'asta. In tale riferimento il disco in alto ha velocità angolare $(\omega - \Omega)\mathbf{k}$, quindi in tale riferimento i dischi laterali hanno velocità angolare

$$\pm(\omega - \Omega)\mathbf{e}$$

dove e è un versore in direzione dell'asta. Ritornando al riferimento di partenza troviamo che la loro velocità angolare è

$$\Omega \boldsymbol{k} \pm (\omega - \Omega)\boldsymbol{e}.$$

Chiaramente
$$\dot{G}_1^2 = \dot{G}_2^2 = \dot{x}^2 + \Omega^2 R^2.$$

Tenuto conto della matrice d'inerzia per i due dischi laterali, si ha

$$T = \frac{1}{2}m\dot{x}^2 + \frac{1}{2}(\frac{1}{2}mR^2)(\frac{\dot{x}}{p})^2 + 2\Big\{\frac{1}{2}m(\dot{x}^2+\Omega^2 R^2) + \frac{1}{2}(\frac{1}{2}mR^2)(\frac{\dot{x}}{p}-\Omega)^2 + \frac{1}{2}(\frac{1}{4}mR^2)\Omega^2\Big\}.$$

5.6 Esame 6: 11 luglio 2018

Esercizio 1

Sono dati un disco e un cerchio (anello) di massa m e raggio r saldati tra loro. Il disco rotola su un piano orizzontale, mentre l'anello è trasparente a tale piano. Sia α l'angolo formato dalla congiungente dei centri con la verticale. Sul bordo dell'anello scorre un punto materiale P di massa m, individuato da una coordinata β. Le coordinate generalizzate sono α e β.

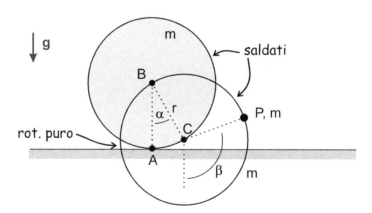

(a) Scrivere l'energia potenziale V, determinare i punti stazionari e discuterne la stabilità.

(b) Scrivere l'energia cinetica T.

(c) Discutere le piccole oscillazioni.

Soluzione esercizio 1

Introduciamo coordinate cartesiane come dalla figura seguente dove si prende come riferimento la posizione in cui $\alpha = 0$.

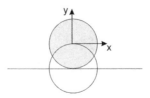

Scriviamo le coordinate cartesiane di alcuni punti di interesse

$$B = (-r\alpha, 0),$$
$$C = (-r\alpha + r\sin\alpha, -r\cos\alpha),$$
$$P = (-r\alpha + r\sin\alpha + r\sin\beta, -r\cos\alpha - r\cos\beta),$$

$$I_A^{disco} = \frac{1}{2}mr^2 + mr^2 = \frac{3}{2}mr^2,$$
$$I_B^{cerchio} = mr^2 + m(2r\sin(\alpha/2))^2$$
$$I_A = I_A^{disco} + I_A^{cerchio},$$

L'energia potenziale è

$$V = -mgr\cos\alpha - mgr\cos\alpha - mgr\cos\beta = -mgr(2\cos\alpha + \cos\beta)$$

Veniamo ai punti stazionari

$$0 = \frac{\partial V}{\partial \alpha} = 2mgr\sin\alpha,$$
$$0 = \frac{\partial V}{\partial \beta} = mgr\sin\beta,$$

quindi i punti stazionari sono (α, β) con $\alpha = 0, \pi, 2\pi, \cdots$, $\beta = 0, \pi$. Veniamo all'Hessiano

$$\frac{\partial^2 V}{\partial \alpha^2} = 2mgr\cos\alpha,$$
$$\frac{\partial^2 V}{\partial \beta^2} = mgr\cos\beta,$$
$$\frac{\partial^2 V}{\partial \alpha \partial \beta} = 0.$$

quindi

$$B = mgr\begin{pmatrix} 2 & 0 \\ 0 & 1 \end{pmatrix}$$

5.6. ESAME 6: 11 LUGLIO 2018

per $\alpha = 2\pi n$, $\beta = 0$, che quindi sono stabili mentre gli altri punti stazionari sono instabili.

$$\omega_{disco} = \omega_{cerchio} = \dot\alpha.$$

$$T = \frac{1}{2} I_A \omega^2 + \frac{1}{2} m v_P^2,$$

$$P = r(-\alpha + \sin\alpha + \sin\beta, -\cos\alpha - \cos\beta),$$
$$\dot P = (-\dot\alpha + \cos\alpha\,\dot\alpha + \cos\beta\,\dot\beta, \sin\alpha\,\dot\alpha + \sin\beta\,\dot\beta)$$
$$\dot P^2 = r^2\{2\dot\alpha^2(1-\cos\alpha) + \dot\beta^2 + 2\dot\alpha\dot\beta[\cos\alpha\cos\beta + \sin\alpha\sin\beta - \cos\beta]\}.$$

$$T = \frac{1}{2}mr^2(\frac{5}{2} + 4\sin^2\frac{\alpha}{2})\dot\alpha^2 + \frac{1}{2}mr^2\{2\dot\alpha^2(1-\cos\alpha) + \dot\beta^2 + 2\dot\alpha\dot\beta[\cos\alpha\cos\beta + \sin\alpha\sin\beta - \cos\beta]\}$$

$$A = mr^2 \begin{pmatrix} 5/2 & 0 \\ 0 & 1 \end{pmatrix}$$

I modi sono già disaccoppiati con pulsazioni

$$\omega_1 = \sqrt{\frac{4}{5}\frac{g}{r}}, \qquad \omega_2 = \sqrt{\frac{g}{r}}.$$

6. Esercizi d'esame: 2020–2021

6.1 Esame 1: 12 gennaio 2021

Esercizio 1

Sono dati tre corpi, tutti di massa m, di cui due dischi omogenei di raggio r e un'asta. Il problema si svolge su un piano verticale. Un disco rotola sull'asse orizzontale di un riferimento, l'altro scivola su quello verticale. L'asta è a contatto coi due dischi, e nel contatto con essi c'è rotolamento puro. L'asta è vincolata a muoversi parallelamente a se stessa formando un angolo di 30 gradi con la verticale.

La lunghezza dell'asta e la posizione iniziale di G_2 non sono rilevanti ai fini del problema.

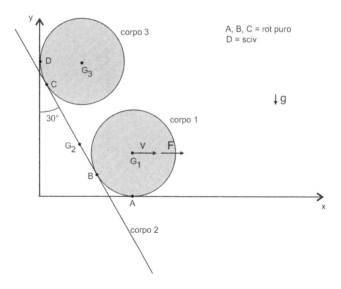

Determinare:

(a) Base e rulletta del corpo 3 (in un intorno della posizione disegnata, ovvero ignorando il fatto che l'asta ha lunghezza finita).

(b) Se G_1 ha velocità $\boldsymbol{v}$ come in figura, scrivere T_1, T_2, T_3 (separatamente).

(c) Se su G_1 si applica la forza $\boldsymbol{F} = F\boldsymbol{i}$ quanto deve valere F affinché ci sia equilibrio? Rispondere usando il principio dei lavori virtuali e tener conto della forza di gravità.

Esercizio 2

È dato un corpo rigido di massa m. La forma è rettangolare $2\ell \times \ell$ con un buco quadrato come nella prima figura.

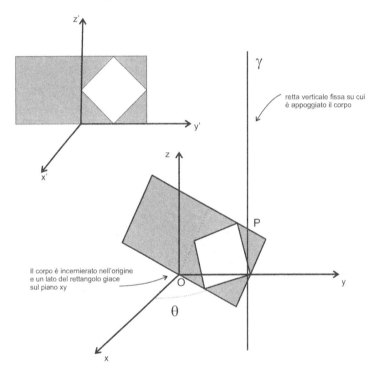

Il corpo viene incernierato in O come da seconda figura. La cerniera si trova sul punto medio di un lato maggiore, che è anche vincolato a stare sul piano xy. Il corpo è poi appoggiato a una retta verticale fissa γ di equazione parametrica $s \mapsto (0, \ell, s)$. Il punto materiale P del corpo che si trova a contatto con la retta cambia istante per istante dipendendo dal valore di θ.

Determinare:

(a) La matrice d'inerzia rispetto al riferimento solidale x', y', z' come da prima figura.

6.1. ESAME 1: 12 GENNAIO 2021

(b) La velocità angolare $\boldsymbol{\omega} = ...\boldsymbol{i} + ...\boldsymbol{j} + ...\boldsymbol{k}$ in funzione di $(\theta, \dot\theta)$. Similmente scrivere $\boldsymbol{\omega} = ...\boldsymbol{i}' + ...\boldsymbol{j}' + ...\boldsymbol{k}'$.

(c) Calcolare $\boldsymbol{L} = ...\boldsymbol{i}' + ...\boldsymbol{j}' + ...\boldsymbol{k}'$ e T.

Può essere utile considerare un'opportuna composizione di moti.

Soluzione esercizio 1

Il centro d'instantanea rotazione del corpo 1 è il punto A. Il secondo corpo non ha centro istantaneo di rotazione in quanto si muove parallelamente a se stesso.

Il triangolo ABG_1 è equilatero quindi $\overline{AB} = \overline{AG_1} = r$. Ne segue che $v_B = v(G_1) = v$. Evidentemente $\omega_1 = v/r$ in senso orario. Possiamo già scrivere

$$T_1 = \frac{1}{2}I_A \omega_1^2 = \frac{1}{2}(\frac{1}{2}mr^2 + mr^2)(\frac{v}{r})^2 = \frac{3}{4}mv^2$$

e

$$T_2 = \frac{1}{2}mv^2$$

dove abbiamo usato il fatto che l'asta ha velocità angolare nulla. Per la stessa ragione $\boldsymbol{v}(B) = \boldsymbol{v}(C)$. Il punto G_3 si muove verticalmente mentre il punto C si muove perpendicolarmente alla direzione AB per via dell'identità appena scritta.

Il centro istantaneo di rotazione del corpo 3 si ottiene come segue quindi la base è

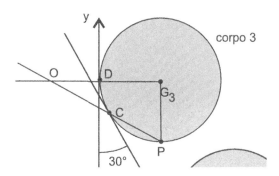

una retta verticale di equazione $x = r(1-\sqrt{3})$ (la rulletta è una circonferenza di raggio $\sqrt{3}r$ centrata in G_3). La velocità angolare del corpo 3 è

$$\omega_3 = -\frac{v(C)}{\overline{OC}} = \frac{v}{r}$$

dove il segno ci dice che è in senso anti orario, quindi

$$T_3 = \frac{1}{2}I_O \omega_3^2 = \frac{1}{2}(\frac{1}{2}mr^2 + m(\sqrt{3}r)^2)(\frac{v}{r})^2 = \frac{7}{4}mv^2.$$

A seguito di uno spostamento $dx = vdt$ del disco 1 il punto B si sposta di $v\cos 30° dt = dx\frac{\sqrt{3}}{2}$ verso l'alto, e quindi G_2 si sposta della stessa quantità. Il punto G_3 si sposta verso l'alto di
$$v(G_3)dt = \omega_3 \overline{OG_3} dt = \frac{v}{r} r\sqrt{3} dt = dx\sqrt{3}.$$
Il principio dei lavori virtuali si scrive
$$Fdx - mgdx\frac{\sqrt{3}}{2} - mgdx\sqrt{3} = 0$$
quindi
$$F = \frac{3\sqrt{3}}{2} mg.$$

Soluzione esercizio 2

Vediamo il corpo come sottrazione di due corpi di massa $\frac{4}{3}m$ e $\frac{1}{3}m$. Il primo rispetto agli assi x', y', z' ha matrice d'inerzia
$$\frac{4}{9} m\ell^2 \begin{pmatrix} 2 & 0 & 0 \\ 0 & 1 & 0 \\ 0 & 0 & 1 \end{pmatrix}$$

Il secondo per Huygens-Steiner ha matrice
$$\frac{1}{72} m\ell^2 \begin{pmatrix} 2 & 0 & 0 \\ 0 & 1 & 0 \\ 0 & 0 & 1 \end{pmatrix} + \frac{1}{3} m \begin{pmatrix} (\frac{\ell}{2})^2 + (\frac{\ell}{2})^2 & 0 & 0 \\ 0 & (\frac{\ell}{2})^2 & -(\frac{\ell}{2})^2 \\ 0 & -(\frac{\ell}{2})^2 & (\frac{\ell}{2})^2 \end{pmatrix} = \frac{1}{72} m\ell^2 \begin{pmatrix} 14 & 0 & 0 \\ 0 & 7 & -6 \\ 0 & -6 & 7 \end{pmatrix}$$

Quindi la matrice totale è, sottraendo,
$$I'_O = \frac{1}{72} m\ell^2 \begin{pmatrix} 50 & 0 & 0 \\ 0 & 25 & 6 \\ 0 & 6 & 25 \end{pmatrix}$$

La figura mostra che la velocità angolare è
$$\boldsymbol{\omega} = \dot\theta \boldsymbol{k} + \dot\theta \boldsymbol{j'}$$

Infatti un riferimento K_1 in rotazione con velocità angolare $\dot\theta \boldsymbol{k}$ vede il corpo ruotare intorno al lato maggiore con velocità angolare $\dot\theta \boldsymbol{j'}$. Quindi
$$\boldsymbol{\omega} = \dot\theta(\cos\theta \boldsymbol{i} + \sin\theta \boldsymbol{j} + \boldsymbol{k}) = \dot\theta(\cos\theta \boldsymbol{i'} + \boldsymbol{j'} + \sin\theta \boldsymbol{k'})$$

Da qui segue
$$\boldsymbol{L} = \frac{1}{72} m\ell^2 \dot\theta [50\cos\theta \boldsymbol{i'} + (25 + 6\sin\theta)\boldsymbol{j'} + (6 + 25\sin\theta)\boldsymbol{k'}]$$

e
$$T = \frac{1}{2}\boldsymbol{\omega} \cdot \boldsymbol{L} = \frac{1}{144} m\ell^2 [50\cos^2\theta + (25 + 6\sin\theta) + (6 + 25\sin\theta)\sin\theta]$$
$$= \frac{1}{144} m\ell^2 [50 + 12\sin\theta + 25\cos^2\theta]$$

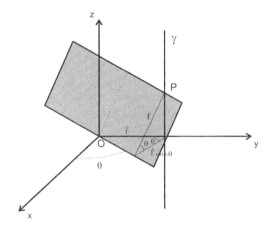

6.2 Esame 2: 9 febbraio 2021

Esercizio 1

In una conca fissa di raggio $6r$ giace un disco omogeneo di massa m e raggio $2r$ (corpo 1). A contatto con il disco c'è un anello di massa m e raggio r (corpo 2). Tra tutte le superfici a contatto abbiamo rotolamento puro. L'anello è trasparente alla conca. Tra il centro della conca O e il centro dell'anello è data una molla di costante elastica k e lunghezza a riposo trascurabile. Le coordinate generalizzate sono θ e β.

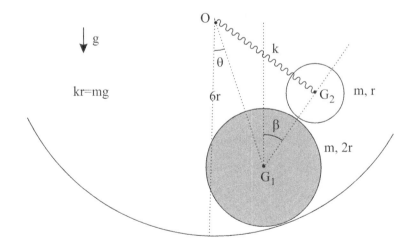

Figura 6.1: Figura non in scala.

Determinare:

(a) $\omega_1, \omega_2, T_1, T_2, V_1, V_2, V_{molla}$. Nel calcolo delle energie potenziali usare $kr = mg$ e eliminare g in favore di k.

(b) Determinare i punti stazionari, discuterne la stabilità.

(c) Discutere le piccole oscillazioni riportando le pulsazioni dei modi principali e i corrispondenti autovettori.

Esercizio 2

Sono dati due sistemi di pulegge come da figure (1) e (2). La corda ha massa trascurabile, è inestensibile e non scivola sulle pulegge. I punti C e D sono fissi. Quelli A e B sono mobili.

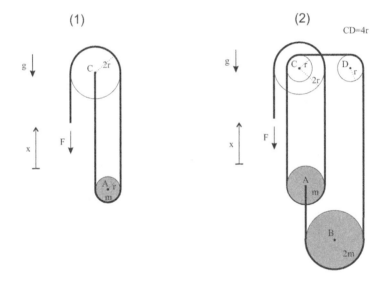

Nella figura (2) la puleggia in C è costituita da due dischi concentrici saldati tra loro e $CD = 4r$.

Affrontare separatamente i problemi (1) e (2) determinando in entrambi i casi:

(a) La forza F necessaria ad avere equilibrio (mediante il principio dei lavori virtuali).

(b) Introdotta la coordinata generalizzata x che individua la posizione della corda, scrivere l'energia cinetica e potenziale del sistema (nel caso 2 scrivere separatamente T_A e T_B).

Attenzione, il caso (2) non è semplice in quanto la distanza tra le pulegge A e B varia con x.

Soluzione esercizio 1

Il punto di contatto O_1 tra il corpo 1 e la conca è anche il centro istantaneo di rotazione del corpo O_1, quindi poiché $v(G_1) = 4r\dot\theta$, si ha

$$\omega_1 = 4r\dot\theta/\overline{OG_1} = 2\dot\theta$$

in senso orario. Ne segue che

$$T_1 = \frac{1}{2}I_{O_1}\omega_1^2 = \frac{1}{2}(\frac{1}{2}m(2r)^2 + m(2r)^2) = 12mr^2\dot\theta^2$$

Introduciamo un sistema di coordinate x, y centrato in O con y diretta verso il basso e x diretta verso destra. Si ha

$$G_2 = (4r\sin\theta + 3r\sin\beta, 4r\cos\theta - 3r\cos\beta)$$

$$\dot G_2 = r(4\cos\theta\dot\theta + 3\cos\beta\dot\beta, -4\sin\theta\dot\theta + 3\sin\beta\dot\beta)$$

da cui

$$\dot G_2^2 = r^2\{16\dot\theta^2 + 9\dot\beta^2 + 24\dot\theta\dot\beta(\cos\theta\cos\beta - \sin\theta\sin\beta)\}$$
$$= r^2\{16\dot\theta^2 + 9\dot\beta^2 + 24\dot\theta\dot\beta\cos(\theta+\beta)\}$$

Mettiamoci nel riferimento (non ruotante) K_1 del centro di massa del corpo 1 e osserviamo il punto di contatto tra disco e anello P. Visto come punto appartenente al disco ha velocità $\omega_1 2r$, mentre visto come punto appartenente all'anello ha velocità $3r\dot\beta - \omega_2 r$ con ω_2 positiva in senso orario, quindi uguagliando per rotolamento puro

$$3r\dot\beta - \omega_2 r = \omega_1 2r = 4r\dot\theta$$

da cui

$$\omega_2 = 3\dot\beta - 4\dot\theta.$$

Quindi

$$T_2 = \frac{1}{2}m\dot G_2^2 + \frac{1}{2}(mr^2)(3\dot\beta + 4\dot\theta)^2$$
$$= \frac{1}{2}mr^2\{16\dot\theta^2 + 9\dot\beta^2 + 24\dot\theta\dot\beta\cos(\theta+\beta) + (3\dot\beta - 4\dot\theta)^2\}$$
$$= mr^2\{16\dot\theta^2 + 9\dot\beta^2 + 12\dot\theta\dot\beta[\cos(\theta+\beta) - 1]\}$$

e

$$T = T_1 + T_2 = \frac{1}{2}mr^2\{56\dot\theta^2 + 18\dot\beta^2 + 24\dot\theta\dot\beta[\cos(\theta+\beta) - 1]\}$$

Usando Carnot

$$V_{molla} = \frac{1}{2}k\overline{G_2O}^2 = \frac{1}{2}k\{16r^2 + 9r^2 - 24r^2\cos(\theta+\beta)\} = \frac{1}{2}kr^2\{25 - 24\cos(\theta+\beta)\}$$

inoltre prendendo lo zero dell'energia potenziale in O e usando $g = kr/m$

$$V_1 = -mg4r\cos\theta = -4kr^2\cos\theta,$$
$$V_2 = -mg(4r\cos\theta - 3r\cos\beta) = -kr^2(4\cos\theta - 3\cos\beta)$$

$$V = V_1 + V_2 + V_{molla} = \frac{1}{2}kr^2\{25 - 24\cos(\theta + \beta) - 16\cos\theta + 6\cos\beta\}$$

Scriviamo le derivate prime

$$\frac{\partial V}{\partial \theta} = \frac{1}{2}kr^2\{24\sin(\theta + \beta) + 16\sin\theta\},$$
$$\frac{\partial V}{\partial \beta} = \frac{1}{2}kr^2\{24\sin(\theta + \beta) - 6\sin\beta\}.$$

Fanno zero sui punti stazionari e prendendo la differenza vediamo che in questi punti $8\sin\theta + 3\sin\beta = 0$.

$$0 = 24\sin(\theta + \beta) + 16\sin\theta = 24(\sin\theta\cos\beta + \cos\theta\sin\beta) + 16\sin\theta$$
$$= 24\sin\theta\cos\beta - 64\cos\theta\sin\theta + 16\sin\theta$$
$$= 8\sin\theta(3\cos\beta - 8\cos\theta + 2)$$

$$0 = 24\sin(\theta + \beta) - 6\sin\beta = 24(\sin\theta\cos\beta + \cos\theta\sin\beta) - 6\sin\beta$$
$$= -9\sin\beta\cos\beta + 24\cos\theta\sin\beta - 6\sin\beta$$
$$= 3\sin\beta(-3\cos\beta + 8\cos\theta - 2)$$

Una soluzione viene da $\sin\theta = \sin\beta = 0$ ovvero $\theta = 0$ e $\beta = 0, \pi$ (la soluzione $\theta = \pi$ va esclusa per la geometria della conca).

Ci potrebbe essere un'altro punto stazionario se esistesse una soluzione al sistema $8\sin\theta + 3\sin\beta = 0$, $3\cos\beta - 8\cos\theta + 2 = 0$. Però dalla seconda seguirebbe

$$-55 + 64\cos^2\theta = 9 - 64\sin\theta^2 = 9\cos^2\beta = (2 - 8\cos\theta)^2 = 4 - 32\cos\theta + 64\cos\theta^2$$

da cui $\cos\theta = 59/32 > 1$ che è impossibile.

Andiamo a calcolarci le derivate seconde

$$\frac{\partial^2 V}{\partial \theta^2} = \frac{1}{2}kr^2\{24\cos(\theta + \beta) + 5\cos\theta\},$$
$$\frac{\partial^2 V}{\partial \beta^2} = \frac{1}{2}kr^2\{24\cos(\theta + \beta) - 6\cos\beta\},$$
$$\frac{\partial^2 V}{\partial \beta \partial \theta} = \frac{1}{2}kr^2\{24\cos(\theta + \beta)\}$$

Quindi nel punto stazionario $\theta = 0$, $\beta = 0$ si ha

$$B = kr^2\begin{pmatrix} 20 & 12 \\ 12 & 9 \end{pmatrix}$$

Il determinante è positivo come la componente B_{11} dunque il punto stazionario è stabile. Nel punto stazionario $\theta = 0$, $\beta = \pi$ si ha invece

$$B = \frac{1}{2}kr^2 \begin{pmatrix} -8 & 24 \\ 24 & -18 \end{pmatrix}$$

le componenti diagonali mostrano che questa matrice ha un segno meno nella segnatura, quindi il punto stazionario è instabile.

Nel punto stazionario $\theta = 0$, $\beta = 0$ si ha

$$A = 2mr^2 \begin{pmatrix} 28 & 0 \\ 0 & 9 \end{pmatrix}$$

Sia $\lambda = \frac{k}{2m}\eta$ allora $\omega = \sqrt{\frac{k}{2m}\eta}$ siamo interessati nel polinomio caratteristico

$$p(\eta) = \det\left(\begin{pmatrix} 20 & 12 \\ 12 & 9 \end{pmatrix} - \eta \begin{pmatrix} 28 & 0 \\ 0 & 9 \end{pmatrix}\right) = \det \begin{pmatrix} 20 - 28\eta & 12 \\ 12 & 9 - 9\eta \end{pmatrix}$$
$$= 32(7\eta^2 - 12\eta + 1)$$

Le radici sono

$$\eta_{1,2} = \frac{6 \pm \sqrt{29}}{7}$$

a cui corrispondono le pulsazioni $\omega_{1,2} = \sqrt{\frac{k}{2m}\eta_{1,2}}$ gli autovettori $v_{1,2} = \begin{pmatrix} 3(1 - \eta_{1,2}) \\ -4 \end{pmatrix}$.

Soluzione esercizio 2

Punto (a). Sia y_A la coordinata verticale di A diretta verso il basso con origine al livello di C.

Al rilasciare la corda di un tratto Δx, la quanità di corda che abbraccia la puleggia in A tra i punti C ed e aumenta di Δx, quindi $\Delta y_A = \Delta x/2$ da cui si deduce

$$y_A = \frac{x}{2} + const,$$

e

$$V = -mg\frac{x}{2} + cnst.$$

Il punto t ha la stessa velocità di C cioè nulla, ovvero c è il centro istantaneo di rotazione della puleggia A. Ne segue che

$$\omega = \frac{1}{r}\dot{y}_A = \frac{\dot{x}}{2r}$$

in senso orario. Quindi

$$T = \frac{1}{2}I_t\omega^2 = \frac{1}{2}(\frac{3}{2}mr^2)(\frac{\dot{x}}{2r})^2 = \frac{3}{16}m\dot{x}^2$$

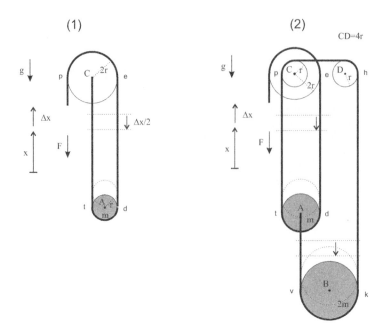

Usiamo il principio dei lavori virtuali

$$-F\Delta x + mg\Delta y_A = 0 \Rightarrow F = mg\frac{\Delta y_A}{\Delta x} = \frac{1}{2}mg.$$

Punto (b). Sia y_A la coordinata verticale di A diretta verso il basso con origine al livello di C e D. Similmente sia y_B la coordinata verticale di B diretta verso il basso con origine al livello di C e D.

In base al disegno si ha

$$r_A = \frac{3}{2}r, \qquad r_B = (6r - r_A)/2 = \frac{9}{4}r.$$

Al rilasciare la corda di un tratto Δx, il tratto di corda tra p e e che passa dalla puleggia in A aumenta di Δx per la corda che entra da e e diminuisce di $\Delta x/2$ per la corda che viene rimossa da p. Ne segue

$$\Delta y_A = (\Delta x - \Delta x/2)/2 = \Delta x/4$$

e quindi

$$y_A = \frac{x}{4} + const,$$

$$V_A = -mg\frac{x}{4} + const.$$

Il punto d ha velocità $\dot{x}$ diretta verso il basso quindi

$$\omega_A = (\dot{x} - \frac{\dot{x}}{4})/r_A = \frac{3}{4}\frac{\dot{x}}{3r/2} = \frac{\dot{x}}{2r}$$

in senso orario. Per König

$$T_A = \frac{1}{2}m(\frac{\dot{x}}{4})^2 + \frac{1}{2}[\frac{1}{2}m(\frac{3}{2}r)^2](\frac{\dot{x}}{2r})^2 = \frac{11}{64}m\dot{x}^2.$$

Ora si noti che abbassare A di un tratto Δy_A 'consuma' Δy_A di corda, mentre abbassare B di un tratto Δy_B 'consuma' $2\Delta y_B$ di corda, quindi

$$\Delta x = \Delta y_A + 2\Delta y_B$$

da cui

$$\Delta y_B = \frac{1}{2}(\Delta x - \Delta y_A) = \frac{3}{8}\Delta x$$

quindi

$$y_B = \frac{3}{8}x + const$$

$$V_B = -mg\frac{3}{4}x.$$

Ora il punto v ha la stessa velocità di A quindi

$$\omega_B = (\frac{3}{8}\dot{x} - \frac{\dot{x}}{4})/r_B = \frac{\dot{x}}{18r}$$

Usando König

$$T_B = \frac{1}{2}2m(\frac{3}{8}\dot{x})^2 + \frac{1}{2}[\frac{1}{2}2m(\frac{9}{4}r)^2](\frac{\dot{x}}{18r})^2 = \frac{19}{128}m\dot{x}^2.$$

Usiamo il principio dei lavori virtuali

$$-F\Delta x + mg\Delta y_A + 2mg\Delta y_B = 0 \Rightarrow F = mg\frac{\Delta y_A + 2\Delta y_B}{\Delta x} = mg.$$

6.3 Esame 3: 23 febbraio 2021

Esercizio 1

Il problema è bidimensionale. Un'asta di lunghezza $4r$ e massa m giace su un piano orizzontale (corpo 1). Una molla di costante elastica k e lunghezza a riposo nulla collega l'origine delle coordinate O con il centro dell'asta G_1. Non c'è attrito tra asta e piano orizzontale. L'ascissa di G_1 è denotata y. Un disco omogeneo di massa m e raggio r (corpo 2) è posto sopra l'asta e rotola su questa di rotolamento puro. L'ascissa del suo centro di massa è x. Un'asta di lunghezza $3r$ e massa m ha un estremo in G_2 e l'altro vincolato a stare sull'ordinata.

Le coordinate generalizzate sono x e y.
Determinare:

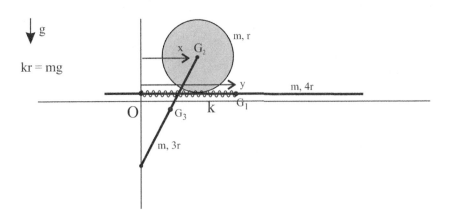

Figura 6.2: Figura non in scala.

(a) ω_2, ω_3, T_1, T_2, T_3, V_3, V_{molla} in funzione di $(x, y, \dot{x}, \dot{y})$. Nel calcolo delle energie potenziali usare $kr = mg$ e eliminare g in favore di k.

(b) Determinare i punti stazionari, discuterne la stabilità.

(c) Discutere le piccole oscillazioni riportando le pulsazioni dei modi principali e i corrispondenti autovettori.

Esercizio 2

Il problema è tridimensionale e c'è gravità g. È data un'asta di massa m e lunghezza $2r$ (corpo 1) incernierata in O e vincolata a stare su un piano verticale. All'altra estremità e ortogonale all'asta abbiamo un disco omogeneo (corpo 2) di massa m e raggio r libero di ruotare sul piano perpendicolare all'asta.

I punti O, A, B stanno tutti sullo stesso piano verticale, invariabile nel tempo. Un punto materiale del disco è denotato in rosso e assieme al punto B sul piano invariabile serve solo per introdurre un angolo di rotazione β del disco.

Let coordinate generalizzate sono θ e β:

(a) Determinare l'energia cinetica dell'asta T_1 e quella del disco T_2.

(b) Scrivere le equazioni di Lagrange.

(c) Determinare il momento angolare $\boldsymbol{L}(O)$ in funzione delle coordinate generalizzate e delle velocità generalizzate. Usando la seconda equazione cardinale rispetto al punto O scrivere l'espressione del momento meccanico (in funzione delle coordinate generalizzate e sue derivate) esercitato dal vincolo per mantenere l'asta sul piano verticale.

6.3. ESAME 3: 23 FEBBRAIO 2021

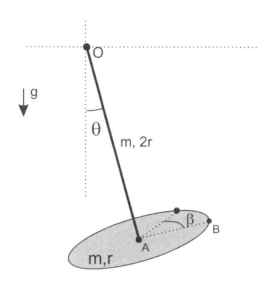

Soluzione esercizio 1

$$\omega_2 = \frac{\dot{x} - \dot{y}}{r} \quad \text{(in senso orario)},$$

$$\omega_3 = \frac{\dot{x}}{\sqrt{9r^2 - x^2}} \text{(in senso orario)},$$

$$T_1 = \frac{1}{2}m\dot{y}^2,$$

$$T_2 = \frac{1}{2}m\dot{x}^2 + \frac{1}{2}(\frac{1}{2}mr^2)(\frac{\dot{x}-\dot{y}}{r})^2 = \frac{1}{4}m(3\dot{x}^2 + \dot{y}^2 - 2\dot{x}\dot{y}),$$

$$T_3 = \frac{1}{2}(\frac{1}{12}m(3r)^2 + m(\frac{3}{2}r)^2)(\frac{\dot{x}}{\sqrt{9r^2-x^2}})^2 = \frac{3}{2}mr^2\frac{\dot{x}^2}{9r^2-x^2},$$

$$V_{molla} = \frac{1}{2}ky^2,$$

$$V_3 = -mg\frac{3r}{2}\frac{\sqrt{9r^2-x^2}}{3r} = -\frac{kr}{2}\sqrt{9r^2-x^2}$$

$$V = \frac{1}{2}ky^2 - \frac{kr}{2}\sqrt{9r^2-x^2}$$

$$\frac{\partial V}{\partial x} = \frac{kr}{2}\frac{x}{\sqrt{9r^2-x^2}}, \qquad \frac{\partial V}{\partial y} = ky$$

Il punto stazionario è dato da $x = y = 0$.

$$\frac{\partial^2 V}{\partial x^2} = \frac{kr}{2}\frac{9r^2}{(9r^2-x^2)^{3/2}}, \qquad \frac{\partial^2 V}{\partial y^2} = k, \qquad \frac{\partial^2 V}{\partial x \partial y} = 0$$

$$B = \frac{1}{6}k \begin{pmatrix} 1 & 0 \\ 0 & 6 \end{pmatrix}$$

$$A = m \begin{pmatrix} \frac{11}{6} & -\frac{1}{2} \\ -\frac{1}{2} & \frac{3}{2} \end{pmatrix} = \frac{m}{6} \begin{pmatrix} 11 & -3 \\ -3 & 9 \end{pmatrix}$$

Si ha $\omega = \sqrt{\frac{k}{m}}\eta$,

$$p(\eta) = \det \begin{pmatrix} 1 - 11\eta & 3\eta \\ 3\eta & 6 - 9\eta \end{pmatrix} = 90\eta^2 - 75\eta + 6 = 3(30\eta^2 - 25\eta + 2)$$

$$\eta_{1,2} = \frac{25 \pm \sqrt{125*5 - 48*5}}{60} = \frac{25 \pm \sqrt{77*5}}{60}$$

etc...

Soluzione esercizio 2

Sia k il versore uscente dalla pagina e r quello della direzione OA. Per la composizione dei moti, la velocità angolare è

$$\boldsymbol{\omega} = -\dot{\beta}\boldsymbol{r} + \dot{\theta}\boldsymbol{k}$$

L'applicazione d'inerzia del disco rispetto al suo centro di massa nella base $(\boldsymbol{r}, \boldsymbol{k}, \boldsymbol{u})$ con $\boldsymbol{u}$ versore in direzione AB ha matrice

$$\frac{1}{4}mr^2 \begin{pmatrix} 2 & 0 & 0 \\ 0 & 1 & 0 \\ 0 & 0 & 1 \end{pmatrix}$$

Quindi l'energia cinetica del disco è per König

$$T_2 = \frac{1}{2}m(2r\dot{\theta})^2 + \frac{1}{2}(\frac{1}{4}mr^2)(2\dot{\beta}^2 + \dot{\theta}^2) = \frac{1}{8}mr^2(2\dot{\beta}^2 + 17\dot{\theta}^2)$$

mentre quella dell'asta è

$$T_1 = \frac{1}{2}(\frac{1}{3}m(2r)^2)\dot{\theta}^2 = \frac{2}{3}mr^2\dot{\theta}^2$$

$$T = T_1 + T_2 = \frac{1}{24}mr^2(6\dot{\beta}^2 + 67\dot{\theta}^2)$$

L'energia potenziale è

$$V = -mgr\cos\theta - mg2r\cos\theta = -3mgr\cos\theta$$

La coordinata β è ciclica quindi la sua equazione di Lagrange è semplicemente $\ddot{\beta} = 0$. Quella per θ è

$$\frac{67}{12}mr^2\ddot{\theta} + 3mgr\sin\theta = 0.$$

Usando il teorema di König per il momento angolare otteniamo il momento angolare del disco rispetto al polo O

$$\boldsymbol{L}_2(O) = m(2r)^2\dot{\theta}\boldsymbol{k} + \frac{1}{4}mr^2(-2\dot{\beta}\boldsymbol{r} + \dot{\theta}\boldsymbol{k}) = \frac{1}{4}mr^2(-2\dot{\beta}\boldsymbol{r} + 17\dot{\theta}\boldsymbol{k})$$

Sappiamo anche

$$\boldsymbol{L}_1(O) = (\frac{1}{3}m(2r)^2)\dot{\theta}\boldsymbol{k} = \frac{4}{3}mr^2\dot{\theta}\boldsymbol{k}$$

quindi

$$\boldsymbol{L}(O) = \frac{1}{12}mr^2(-6\dot{\beta}\boldsymbol{r} + 67\dot{\theta}\boldsymbol{k})$$

Il vincolo esercita un momento diretto lungo il piano invariabile per mantenere l'asta sullo stesso (possiamo immaginare che le forze che agiscono sull'asta dovute al vincolo siano perpendicolari al piano). Sappiamo che $\boldsymbol{M}(O) = \frac{d}{dt}\boldsymbol{L}(O)$ ma la derivata del secondo termine è perpendicolare al piano (e dovuta alla forza di gravità). Ne segue che la componente del momento dovuto al vincolo è

$$\frac{d}{dt}(-\frac{1}{2}mr^2\dot{\beta}\boldsymbol{r}) = -\frac{1}{2}mr^2(\ddot{\beta}\boldsymbol{r} + \dot{\beta}\dot{\theta}\boldsymbol{u}).$$

6.4 Esame 4: 6 aprile 2021

Esercizio 1

Omettiamo questo problema in quanto troppo simile all'esercizio 1 del compito dell'11 luglio 2018.

Esercizio 2

Due aste sono disposte come in figura. Il punto C è una cerniera tra le due aste, A è fisso mentre B scorre su segmento verticale AD. Il piano verticale delle due aste può ruotare ed è individuato da una coordinata θ. Tra il punto fisso D e il punto B è collegata una molla di costante elastica k e lunghezza a riposo nulla. C'è gravità.

Il corpo 1 è l'asta AC, il corpo 2 è l'asta BC.

(a) Determinare T_1, T_2, ω_1, ω_2, l'energia potenziale V.

(b) Scrivere le equazioni di Lagrange e determinare le soluzioni per le quali $\dot{\theta} = \omega = $ cost.

(c) Discutere le soluzioni che sono piccole perturbazioni rispetto alle soluzioni al punto precedente.

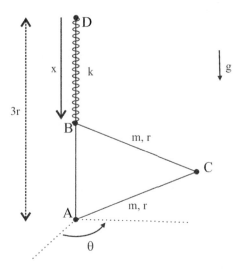

Esercizio 3

Il problema è bidimensionale e c'è gravità. È data una guida fissa circolare di raggio r su cui è praticato un buco in alto. Un'asta di lunghezza $4r$ e massa m è vincolata a passare dal buco e ha un'estremità A vincolata a muoversi sulla guida. La sua posizione è determinata da una coordinata θ.

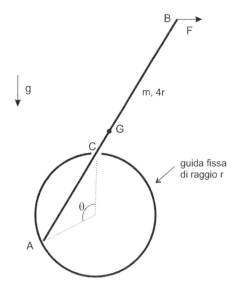

Determinare la base e la rulletta per l'asta. Nella configurazione con $\theta = 90°$ dire quanto vale la forza orizzontale F necessaria a mantenere il sistema in equilibrio. Usare il principio dei lavori virtuali.

6.4. ESAME 4: 6 APRILE 2021

Suggerimento: se un'asta è vincolata a passare da un punto C allora il punto materiale dell'asta corrispondente a C ha velocità lungo l'asta.

Soluzione esercizio 2

L'energia potenziale è
$$V = \frac{1}{2}kx^2 + 2mg\frac{1}{2}(3r-x)$$

Il triangolo ABC è isoscele. La base vale $3r-x$, i due lati r, mentre l'altezza
$$h = \sqrt{r^2 - (\frac{3r-x}{2})^2}$$

L'angolo alla base α è tale che
$$\cos\alpha = \frac{3r-x}{2r} \quad \Rightarrow \alpha = \arccos\frac{3r-x}{2r}$$

e
$$\dot\alpha = -\frac{1}{\sin\alpha}(-\frac{\dot x}{2r})$$

dove
$$\sin\alpha = \sqrt{1 - (\frac{3r-x}{2r})^2}$$

Sia $\boldsymbol{u}$ un versore nella direzione di $\vec{AB} \times \vec{AC}$, allora la velocità angolare del corpo 1 è
$$\boldsymbol{\omega}_1 = \dot\theta\boldsymbol{k} + \dot\alpha\boldsymbol{u}$$

mentre quella del corpo 2 è
$$\boldsymbol{\omega}_2 = \dot\theta\boldsymbol{k} - \dot\alpha\boldsymbol{u}$$

L'energia cinetica di AC è, tenendo conto che A è un punto fisso, e di come si decompone la velocità angolare nella direzione degli assi principali,
$$T_1 = \frac{1}{2}\{\frac{1}{3}mr^2(\dot\theta\sin\alpha)^2 + \frac{1}{3}mr^2\dot\alpha^2\} = \frac{1}{6}mr^2\{(\dot\theta\sin\alpha)^2 + \dot\alpha^2\}$$

L'energia cinetica di BC la calcoliamo usando König. In coordinate cilindriche ρ, θ, z si ha
$$G_2 = (\frac{r}{2}\sin\alpha, \theta, 3r - x - \frac{r}{2}\cos\alpha)$$

In queste coordinate la velocità si scrive $\dot\rho\boldsymbol{e}_\rho + \rho\dot\theta\boldsymbol{e}_\theta + \dot z\boldsymbol{e}_z$, e quindi il suo quadrato è $\dot\rho^2 + \rho^2\dot\theta^2 + \dot z^2$, ovvero
$$\dot G_2^2 = (\frac{r}{2}\cos\alpha)^2\dot\alpha^2 + (\frac{r}{2}\sin\alpha)^2\dot\theta^2 + (\dot x - \frac{r}{2}\sin\alpha\dot\alpha)^2$$
$$= \frac{r^2}{4}(\cos\alpha)^2\dot\alpha^2 + \frac{r^2}{4}(\sin\alpha)^2\dot\theta^2 + \frac{9r^2}{4}(\sin\alpha\dot\alpha)^2$$
$$= \frac{r^2}{4}\dot\alpha^2 + \frac{r^2}{4}(\sin\alpha)^2\dot\theta^2 + 2r^2(\sin\alpha\dot\alpha)^2$$

quindi decomponendo $\boldsymbol{\omega}_2$ lungo gli assi d'inerzia passanti per G_2

$$T_2 = \frac{1}{2}m\dot{G}_2^2 + \frac{1}{2}\{\frac{1}{12}mr^2(\dot{\theta}\sin\alpha)^2 + \frac{1}{12}mr^2\dot{\alpha}^2\}$$
$$= \frac{1}{6}mr^2\{6(\sin\alpha\dot{\alpha})^2 + (\dot{\theta}\sin\alpha)^2 + \dot{\alpha}^2\}$$

$$T = \frac{1}{3}mr^2\{3(\sin\alpha\dot{\alpha})^2 + (\dot{\theta}\sin\alpha)^2 + \dot{\alpha}^2\}$$

Queste espressioni implicano che θ è una coordinata ciclica, ovvero $p_\theta = \frac{\partial L}{\partial \dot{\theta}} \propto \dot{\theta}\sin^2\alpha$ è costante nel tempo. Quindi le soluzioni con θ costante, hanno anche α costante e quindi $\dot{\alpha} = \dot{x} = 0$. Le equazioni di Lagrange nella coordinata x sono però troppo complicate (era meglio scegliere α al posto di x).

Soluzione esercizio 3

Usando il teorema di Chasles e due fatti, (1) il suggerimento, e (2) *un triangolo rettangolo iscritto in una circonferenza con angolo alla circonferenza di novanta gradi ha necessariamente l'ipotenusa coincidente con un diametro*, troviamo facilmente che la base è la guida circolare e la rulletta è un semicerchio di raggio $2r$ centrato in A. Inoltre dalla configurazione con $\theta = 90°$, identificato il centro d'istantanea rotazione O,

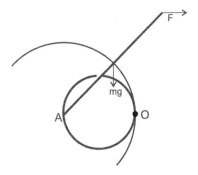

si ha usando il principio dei lavori virtuali (equivalente all'equilibrio delle forze attive attraverso i momenti in O)

$$(2r - \frac{2r}{\sqrt{2}})mg - \frac{4r}{\sqrt{2}}F = 0$$

da cui

$$F = \frac{1}{2}(\sqrt{2} - 1)mg.$$

6.5 Esame 5: 22 giugno 2021

Esercizio 1

Il problema è bidimensionale e c'è gravità.

Un disco di raggio r e massa m rotola senza scivolare su una semiconca di raggio $4r$ e massa $2m$. La conca trasla su un piano orizzontale. Non c'è attrito tra conca e piano. Le coordinate generalizzate sono x e θ come in figura.

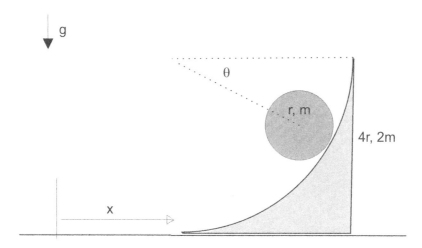

(a) Scivere l'energia cinetica, l'energia potenziale, e le equazioni di Lagrange per entrambe le coordinate. Supponendo che all'istante iniziale $x(0) = \dot{x}(0) = 0$ e $\theta(0) = \dot{\theta}(0) = 0$ determinare dopo quanto tempo il disco raggiunge il fondo della semiconca.

(b) Determinare di quanto si è spostata la semiconca quando il disco ha raggiunto il fondo della stessa.

Esercizio 2

Una piastra è ottenuta rimuovendo da un quadrato $3r \times 3r$ due quadrati $r \times r$ come in figura. La piastra ha massa $7m$.

Scrivere la matrice d'inerzia rispetto agli assi x, y, z. Dire quali sono i momenti e gli assi principali d'inerzia.

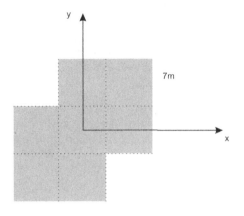

Esercizio 3

Il problema è bidimensionale e c'è gravità. Abbiamo un sistema con tre corpi mobili, due anelli di raggio r e massa m e un'asta di massa m e lunghezza irrilevante.

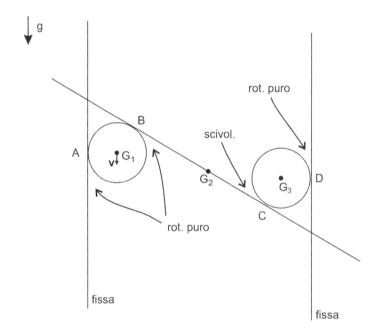

L'asta resta parallela a se stessa nel moto (trasla) formando un angolo di 30 gradi rispetto all'orizzontale. I corpi sono vincolati tra loro e a due guide verticali come in figura.

(a) Scrivere le energie cinetiche T_1, T_2 e T_3 sapendo che la velocità del centro del disco 1 è v, diretta verso il basso.

(b) Scrivere l'energia potenziale totale (a meno di una costante) in funzione della coordinata y del punto G_1 (y è diretta verso l'alto, $\dot{y} = -v$).

Soluzione esercizio 1

Sia la semiconca il corpo 1 e il disco il corpo 2. L'energia cinetica della semiconca è

$$T_1 = \frac{1}{2}(2m)\dot{x}^2$$

la sua energia potenziale è costante $V_1 = cost$. Il centro di massa del corpo 2 ha coordinate

$$G_2 = (x + 3r\cos\theta, 4r - 3r\sin\theta)$$

quindi

$$\dot{G}_2 = (\dot{x} - 3r\sin\theta\dot{\theta}, -3r\cos\theta\dot{\theta})$$
$$v_2^2 = \dot{x}^2 + 9r^2\dot{\theta}^2 - 6r\dot{\theta}\dot{x}\sin\theta$$

La sua velocità angolare è $\omega = (\dot{\theta}3r)/r = 3\dot{\theta}$. Usando König

$$T_2 = \frac{1}{2}m(\dot{x}^2 + 9r^2\dot{\theta}^2 - 6r\dot{\theta}\dot{x}\sin\theta) + \frac{1}{2}(\frac{1}{2}mr^2)(3\dot{\theta})^2$$
$$= \frac{1}{4}m(2\dot{x}^2 + 27r^2\dot{\theta}^2 - 12r\dot{\theta}\dot{x}\sin\theta)$$

mentre

$$V = V_2 = -mg3r\sin\theta$$

L'energia cinetica totale è

$$T = T_1 + T_2 = \frac{3}{4}m(2\dot{x}^2 + 9r^2\dot{\theta}^2 - 4r\dot{\theta}\dot{x}\sin\theta)$$

$$\frac{\partial T}{\partial \dot{\theta}} = \frac{3}{2}m(9r^2\dot{\theta} - 2r\dot{x}\sin\theta)$$

$$p_x = \frac{\partial T}{\partial \dot{x}} = 3m(\dot{x} - r\dot{\theta}\sin\theta)$$

Poiché x è ciclica, la sua equazione di Lagrange ci dice che $p_x = cost = 0$ (per via della conditione iniziale), ovvero

$$\dot{x} = r\dot{\theta}\sin\theta, \qquad \ddot{x} = r\ddot{\theta}\sin\theta + r\dot{\theta}^2\cos\theta.$$

Scriviamo quella per θ

$$\frac{3}{2}m\frac{d}{dt}(9r^2\dot{\theta} - 2r\dot{x}\sin\theta) + 3mr\dot{\theta}\dot{x}\cos\theta = 3mgr\cos\theta$$

$$\frac{\mathrm{d}}{\mathrm{d}t}(9r\dot{\theta} - 2\dot{x}\sin\theta) + 2\dot{\theta}\dot{x}\cos\theta = 2g\cos\theta$$

$$9r\ddot{\theta} - 2\ddot{x}\sin\theta - 2\dot{x}\cos\theta\dot{\theta} + 2\dot{\theta}\dot{x}\cos\theta = 2g\cos\theta$$

$$9r\ddot{\theta} - 2\ddot{x}\sin\theta = 2g\cos\theta$$

Poiché i vincoli sono indipendenti dal tempo, il potenziale conservativo non dipende dal tempo, e la lagrangiana non dipende dal tempo, si ha che l'energia si conserva

$$E = \frac{3}{4}m(2\dot{x}^2 + 9r^2\dot{\theta}^2 - 4r\dot{\theta}\dot{x}\sin\theta) - mg3r\sin\theta = 0$$

L'abbiamo posta uguale a zero in quanto questo è il suo valore all'istante iniziale $t = 0$.

$$(2\dot{x}^2 + 9r^2\dot{\theta}^2 - 4r\dot{\theta}\dot{x}\sin\theta) - 4gr\sin\theta = 0$$

Adesso usiamo $\dot{x} = r\dot{\theta}\sin\theta$

$$2\dot{\theta}^2\sin^2\theta + 9\dot{\theta}^2 - 4\dot{\theta}^2\sin^2\theta - 4\frac{g}{r}\sin\theta = 0$$

$$\dot{\theta}^2[9 - 2\sin^2\theta] = 4\frac{g}{r}\sin\theta$$

$$\dot{\theta} = 2\sqrt{\frac{g}{r}\frac{\sin\theta}{9 - 2\sin^2\theta}}$$

Il tempo cercato è

$$\tau = \frac{1}{2}\sqrt{\frac{r}{g}}\int_0^{\pi/2}\sqrt{\frac{9 - 2\sin^2\theta}{\sin\theta}}\,\mathrm{d}\theta$$

Lo spostamento si trova facilmente usando il teorema del centro di massa, ovvero imponendo che il centro di massa resti fermo tra l'istante iniziale e quello finale. Sia $\bar{x}$ l'ascissa del centro di massa della semiconca all'istante iniziale (potremmo calcolarcela ma non serve)

$$x_G = \frac{m3r + 2m\bar{x}}{m + 2m} = \frac{mx_f + 2m(x_f + \bar{x})}{m + 2m}$$

da cui

$$m3r = mx_f + 2mx_f$$

da cui deduciamo $x_f = r$.

Soluzione esercizio 2

Con il metodo della compressione il sistema si riduce a un sistema di 3 aste di masse $2m, 3m, 2m$

$$I_x = I_y = \frac{1}{12}(3m)r^2 + 2[\frac{1}{12}(2m)r^2 + (2m)r^2] = \frac{55}{12}mr^2$$

$$I_z = I_x + I_y = \frac{55}{6}mr^2$$

Essendo un sistema planare $I_{xz} = I_{yz} = 0$. Poiché il quadrato completo ha momento I_{xy} nullo, possiamo vedere il sistema come due quadrati di massa $-m$, allora usando Huygens-Steiner

$$I_{xy} = 2m(r)(-r) = -2mr^2$$

quindi

$$I = \frac{mr^2}{12}\begin{pmatrix} 55 & -24 & 0 \\ -24 & 55 & 0 \\ 0 & 0 & 110 \end{pmatrix}$$

Dalle simmetrie del sistema deduciamo che gli autovettori (assi principali d'inerzia) sono

$$\begin{pmatrix} 1 \\ 1 \\ 0 \end{pmatrix}, \quad \begin{pmatrix} 1 \\ -1 \\ 0 \end{pmatrix}, \quad \begin{pmatrix} 0 \\ 0 \\ 1 \end{pmatrix}$$

a cui corrispondono gli autovettori (momenti principali d'inerzia) $\frac{31}{12}mr^2$, $\frac{79}{12}mr^2$, $\frac{110}{12}mr^2$.

Soluzione esercizio 3

A meno di una costante la quota del corpo 3 coincide con quella y del corpo 1, quindi anche la velocità dei centri di massa è la stessa. Poiché in entrambi i casi il centro di massa dista r dal centro istantaneo di rotazione, la velocità angolare è $\omega = \dot{y}/r$, e se ne deduce

$$T_1 = T_3 = \frac{1}{2}(mr^2 + mr^2)(\frac{\dot{y}}{r})^2 = m\dot{y}^2,$$
$$V_1 = V_3 + cost = mgy.$$

Si vede facilmente che $AB = r\tan 60° = \sqrt{3}r$, quindi poichè il secondo corpo si muove di moto traslatorio la sua velocità è $\boldsymbol{v}_2 = \boldsymbol{v}_B$

$$v_2 = \omega AB = \sqrt{3}\dot{y}$$

sicché $T_2 = \frac{1}{2}m(3\dot{y}^2)$. Infine

$$T = 2mv^2 + \frac{1}{2}m(3v^2) = \frac{7}{2}mv^2$$

La componente verticale di $\boldsymbol{v}_B$ è

$$v_{Bz} = v_2 \sin 60° = \frac{3}{2}\dot{y}$$

quindi integrando

$$y(G_2) = \frac{3}{2}y + cost$$

$$V_2 = mg\frac{3}{2}y + cost$$

Essendo $V_1 = mgy$

$$V = \frac{7}{2}mgy + cost$$

6.6 Esame 6: 13 luglio 2021

Esercizio 1

In figura è disegnato un cubo di raggio r giusto come riferimento.

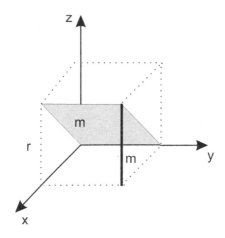

Una piastra omogenea di massa m è disposta in diagonale come in figura. Un'asta di massa m è posta in verticale come in figura.

(a) Calcolare la matrice d'inerzia di piastra e asta separatamente.

Esercizio 2

Il problema è tridimensionale e non c'è gravità.

Sono dati due anelli di massa m e raggio r con centri fissi posti ad una distanza $3r$. Uno è orizzontale mentre l'altro è verticale.

6.6. ESAME 6: 13 LUGLIO 2021

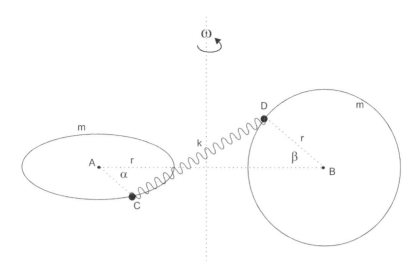

I dischi possono ruotare sul proprio piano, e la rotazione è determinata dalle coordinate lagrangiane α e β che determinano la posizione dei punti C e D. Tra i punti C e D è posta una molla di costante elastica k.

- Calcolare l'energia cinetica T e l'energia potenziale V.
- Studiare le piccole oscillazioni.
- Supponiamo di mettere in rotazione tutto il sistema rispetto all'asse verticale passante tra i due cerchi (a distanza $3r/2$ da ciascun centro). Calcolare T e il momento angolare rispetto allo stesso asse in funzione di $(\alpha, \beta, \dot{\alpha}, \dot{\beta}, \omega)$.

Soluzione esercizio 1

$$I_{piastra} = \frac{1}{12}mr^2 \begin{pmatrix} 8 & -3 & -4 \\ -3 & 8 & -3 \\ -4 & -3 & 8 \end{pmatrix}$$

$$I_{asta} = \frac{1}{6}mr^2 \begin{pmatrix} 8 & -6 & -3 \\ -6 & 8 & -3 \\ -3 & -3 & 12 \end{pmatrix}$$

Soluzione esercizio 2

$$\begin{aligned}\overline{CD}^2 &= (r\sin\alpha)^2 + (r\sin\beta)^2 + (3r - r\cos\alpha - r\cos\beta)^2 \\ &= 11r^2 - 6r^2(\cos\alpha + \cos\beta) + 2r^2\cos\alpha\cos\beta.\end{aligned}$$

$$V = \frac{1}{2}k\overline{CD}^2 = \frac{1}{2}\kappa r^2\{11 - 6(\cos\alpha + \cos\beta) + 2\cos\alpha\cos\beta\}$$

$$T = \frac{1}{2}mr^2(\dot\alpha^2 + \dot\beta^2)$$

$$\frac{\partial V}{\partial \alpha} = \kappa r^2(3 - \cos\beta)\sin\alpha$$
$$\frac{\partial V}{\partial \beta} = \kappa r^2(3 - \cos\alpha)\sin\beta$$

Punti stazionari $\alpha = 0, \pi$, $\beta = 0, \pi$. Punto stabile $(\alpha, \beta) = (0, 0)$.

$$\frac{\partial^2 V}{\partial\alpha\partial\beta}(0,0) = 0, \qquad \frac{\partial^2 V}{\partial\alpha^2}(0,0) = \frac{\partial^2 V}{\partial\beta^2}(0,0) = 2\kappa r^2$$

si ha $A = mr^2 I$, $B = 2\kappa r^2 I$, con I matrice identità 2×2. La pulsazione è $\omega = \sqrt{\frac{2k}{m}}$ e l'autospazio ha dimensione 2, ovvero ogni direzione è un autovettore.

Per quanto riguarda l'ultima domanda, denotando con $\boldsymbol{u}$ il versore nella direzione $(A - B) \times \boldsymbol{k}$

$$\boldsymbol{L} = 2m(\frac{3}{2}r)^2\omega\boldsymbol{k} + \{\frac{mr^2}{2}\omega\boldsymbol{k} + mr^2\dot\beta\boldsymbol{u}\} + \{mr^2(\omega - \dot\alpha)\boldsymbol{k}\}$$
$$= mr^2\{\dot\beta\boldsymbol{u} + (6\omega - \dot\alpha)\boldsymbol{k}\}$$

$$T = \frac{1}{2}2m(\frac{3}{2}r)^2\omega^2 + \frac{1}{2}\frac{mr^2}{2}\omega^2 + \frac{1}{2}mr^2\dot\beta^2 + \frac{1}{2}mr^2(\omega - \dot\alpha)^2$$
$$= \frac{1}{2}mr^2\{5\omega^2 + \dot\beta^2 + (\omega - \dot\alpha)^2\}$$

6.7 Esame 7: 7 settembre 2021

Esercizio 1

Sono date quattro aste uguali di massa m e lunghezza l disposte sugli spigoli di un cubo (omesso) come in figura.

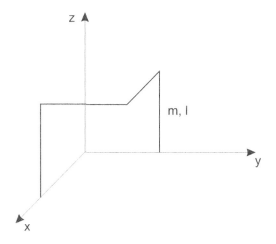

(a) Calcolare la matrice d'inerzia. Discutere simmetrie e relazione con assi principali.

Esercizio 2

Il problema è bidimensionale e c'è gravità. È dato un sistema di due aste di massa m e lunghezza r, incernierate come in figura. Il punto C scivola su un piano senza attrito. La coordinata generalizzata è l'angolo θ della figura.

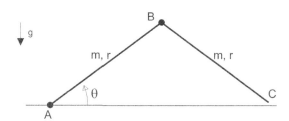

(a) Calcolare l'energia cinetica T e l'energia potenziale V.

(b) Scrivere le equazioni di Lagrange.

(c) Supponendo che $\theta(0) = 45°$ determinare dopo quanto tempo τ le aste sbattono sul piano ($\theta(\tau) = 0$)

Esercizio 3

Un disco omogeneo di massa m e raggio $2r$ resta a contatto di un piano senza scivolare su esso. Il punto di contatto P descrive una circonferenza di raggio r e il centro di massa G resta fermo sopra il centro A del cerchio sul piano. Sapendo che il punto di contatto P ruota intorno al centro A del cerchio piccolo con velocità angolare α, determinare la velocità angolare $\boldsymbol{\omega}$ del disco e la sua energia cinetica T.

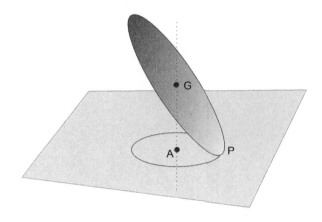

Soluzione esercizio 1

La matrice d'inerzia della prima asta (verticale) da sinistra è

$$I_1 = \frac{ml^2}{6} \begin{pmatrix} 2 & 0 & -3 \\ 0 & 8 & 0 \\ -3 & 0 & 6 \end{pmatrix}$$

la successiva (orizzontale)

$$I_2 = \frac{ml^2}{6} \begin{pmatrix} 8 & -3 & -6 \\ -3 & 12 & -3 \\ -6 & -3 & 8 \end{pmatrix}$$

Gli altri due contributi si trovano scambiando le prime due righe e le prime due colonne. La matrice totale è quindi

$$I = \frac{ml^2}{3} \begin{pmatrix} 15 & -3 & -6 \\ -3 & 15 & -6 \\ -6 & -6 & 14 \end{pmatrix}.$$

Un metodo forse più semplice era quello di selezionare un momento d'inerzia, per esempio I_{11}, non scopporre nei vari corpi subito ma comprimere tutto il sistema nella direzione opportuna e poi valutare i vari contributi.

Soluzione esercizio 2

L'energia cinetica dell'asta senza punto fisso si trova determinando prima il suo centro istantaneo di rotazione, quindi usando Huygens-Steiner e il teorema di Carnot

$$T = \frac{1}{2}(\frac{1}{3}mr^2)\dot\theta^2 + \frac{1}{2}\{\frac{1}{12}mr^2 + m[r^2 + (\frac{r}{2})^2 - 2r\frac{r}{2}\cos(2\theta)]\}\dot\theta^2$$
$$= \frac{1}{2}\{\frac{5}{12}mr^2 + mr^2[\frac{5}{4} - \cos(2\theta)]\}\dot\theta^2$$
$$= \frac{mr^2}{2}\{\frac{5}{3} - \cos(2\theta)\}\dot\theta^2 = \frac{mr^2}{3}\{1 + 3\sin^2\theta\}\dot\theta^2$$
$$V = mgr\sin\theta$$

$$\frac{\partial T}{\partial \dot\theta} = mr^2\{\frac{5}{3} - \cos(2\theta)\}\dot\theta$$
$$\frac{\partial T}{\partial \theta} = mr^2\sin(2\theta)\dot\theta^2$$

Eq. di Lagrange:

$$\{\frac{5}{3} - \cos(2\theta)\}\ddot\theta + 2\sin(2\theta)\dot\theta^2 - \sin(2\theta)\dot\theta^2 + \frac{g}{r}\cos\theta = 0.$$

Per l'ultimo punto bisogna usare la conservazione dell'energia.

Soluzione esercizio 3

Il punto P è istantaneamente fermo e lo stesso vale per G quindi l'asse istantaneo di rotazione passa da entrambi. La velocità angolare $\boldsymbol{\omega}$ è perciò inclinata di 30 gradi rispetto alla verticale e giace sul piano del disco.

Mettendosi in un riferimento K_1 che ruota con velocità angolare α e per il quale G è fermo vediamo che il punto materiale P ha velocità rispetto al nuovo riferimento, αr, quindi la velocità angolare del disco nel nuovo riferimento è $\omega_{12} = \frac{\alpha r}{2r} = \alpha/2$ diretta ortogonale al disco, verso il basso. Ne segue che $\omega = \omega_{02} = \frac{\alpha}{2}\sqrt{3}$ e

$$T = \frac{1}{2}(\frac{1}{4}m(2r)^2)(\frac{\alpha}{2}\sqrt{3})^2 = \frac{1}{8}mr^2\alpha^2$$

7. Esercizi d'esame: 2021–2022

7.1 Esame 1: 11 gennaio 2022

Esercizio 1

È data una superficie semicilindrica di massa m come in figura. Il raggio del cilindro è r mentre l'altezza del cilindro è $2r$.

(a) Calcolare la matrice d'inerzia. Discutere simmetrie e relazione con assi principali.

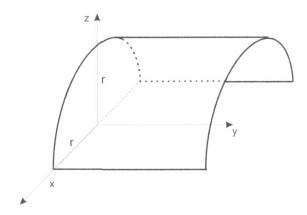

Esercizio 2

Il problema è bidimensionale e c'è gravità.

Sono dati due dischi omogenei di massa m e raggio r e un'asta di massa m come in figura (A). L'asta è vincolata a traslare sul una retta verticale e il suo centro di massa è collegato a una molla di costante elastica k. Tra l'asta e i due dischi c'è rotolamento puro. Tra i centri dei dischi c'è una molla di costante elastica k.

Si consideri lo stesso sistema dove si aggiunge una puleggia (disco omogeneo) di massa $2m$ e raggio $2r$, e una corda inestensibile arrotolata sui dischi come in figura (B).

Si sostituisca g in favore di k usando l'identità $kr = mg$.

(a) Nel caso (A), posto $z = \overline{OG}$, calcolare T e V in funzione di $x, y, z, \dot{x}, \dot{y}, \dot{z}$.

(b) Nel caso (B) calcolare T e V in funzione di $x, y, \dot{x}, \dot{y}$ (non dimenticare il contributo della puleggia).

(c) Nel caso (B), fissare eventuali costanti incognite con la condizione che $x = y = r$ sia un punto stazionario. A quale dato iniziale è legata la costante?

(d) Nel caso (B), studiare le piccole oscillazioni.

Nei primi due punti dare anche separatamente i contributi all'energia cinetica dei vari corpi.

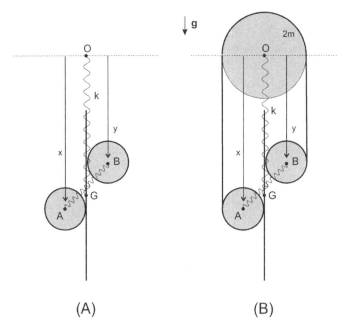

(A)   (B)

Esercizio 3

È dato un bullone che scorre senza attrito su una vite fissa posta verticalmente (c'è gravità). Il bullone ha massa m, raggio interno r, raggio esterno $2r$, altezza $2r$, e il passo della filettatura è $r/5$ (non disegnata in figura). Nel caso (A)

(a) scrivere l'energia cinetica e potenziale in funzione dell'altezza x del centro di massa del bullone,

(b) scrivere un integrale primo del moto,

(c) se l'altezza della vite è 6r quanto tempo ci mette il bullone a toccare terra se al tempo iniziale ha velocità nulla e la superficie superiore della vite corrisponde con quella superiore del bullone (come in figura)?

Il caso (B) differisce da (A) per l'aggiunta di un'elica modellata con un'asta di massa m e lunghezza $4r$ incernierata nel proprio centro a metà altezza del lato del bullone. L'elica può ruotare restando tangente al lato del bullone. L'angolo di rotazione rispetto alla verticale è β.

(d) Si scriva l'energia dell'elica in funzione di $x, \beta, \dot{x}, \dot{\beta}$.

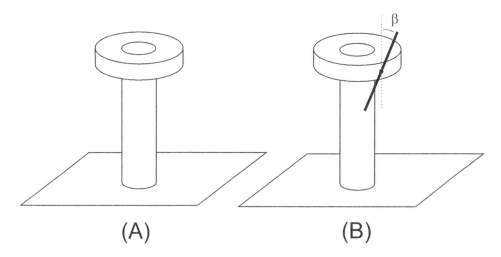

(A) (B)

Soluzione esercizio 1

Per calcolare I_y osserviamo che tutta la massa si trova a distanza r dall'asse, quindi

$$I_y = mr^2$$

Introduciamo un angolo θ sul piano xz, angolo rispetto all'ascissa, allora $\mathrm{d}A = r\mathrm{d}\theta\mathrm{d}y$, $A = 2r^2\pi$, quindi

$$\rho = \frac{m}{2r^2\pi}$$

e

$$\mathrm{d}m = \frac{m}{2r\pi}\mathrm{d}\theta\mathrm{d}y.$$

e $z = r\sin\theta$, $x = r\cos\theta$. Quindi

$$I_x = \int (y^2 + z^2)\mathrm{d}m = \int_0^{2r} \mathrm{d}y \int_0^\pi \mathrm{d}\theta (y^2 + r^2\sin^2\theta)\frac{m}{2r\pi}$$
$$= \int_0^{2r} \mathrm{d}y (y^2\pi + r^2\frac{\pi}{2})\frac{m}{2r\pi} = (\frac{8}{3} + 1)\frac{mr^2}{2} = \frac{11}{6}mr^2$$

Dividendo il cilindro a metà e riposizionando una metà, è facile vedere che $I_z = I_x$. Poiché zy di simmetria, $I_{xz} = I_{xy} = 0$.

$$I_{yz} = -\int yz\,dm = -\int_0^{2r} dy \int_0^\pi d\theta\, yr\sin\theta \frac{m}{2r\pi}$$
$$= -\int_0^\pi d\theta \sin\theta \frac{mr^2}{\pi} = -\frac{2mr^2}{\pi}$$

quindi

$$I = mr^2 \begin{pmatrix} \frac{11}{6} & 0 & 0 \\ 0 & 1 & -\frac{2}{\pi} \\ 0 & -\frac{2}{\pi} & \frac{11}{6} \end{pmatrix}$$

Poiché yz è di simmetria, l'asse x è principale. Gli altri due assi si trovano sul piano yz.

Soluzione esercizio 2

(a)
$$T = \frac{1}{2}m(\dot{x}^2 + \dot{y}^2 + \dot{z}^2) + \frac{1}{2}(\frac{1}{2}mr^2)(\frac{\dot{y}-\dot{z}}{r})^2 + \frac{1}{2}(\frac{1}{2}mr^2)(\frac{\dot{z}-\dot{x}}{r})^2$$
$$V = -mg(x+y+z) + \frac{1}{2}k[z^2 + (y-x)^2 + (2r)^2]$$

(b) Sia ω_A le velocità angolare del corpo di centro A (positiva in senso antiorario), e analogamente per ω_B. Il punto della corda alla sinistra di A ha velocità diretta verso il basso pari a

$$\dot{x} + \omega_A r$$

quella alla destra di B ha velocità diretta verso l'alto pari a

$$\omega_B r - \dot{y}$$

quindi poiché la corda è inestensibile, le due velocità sono uguali

$$v = \dot{x} + \omega_A r = \omega_B r - \dot{y}$$

con v velocità della corda. Ma noi sappiamo che

$$\omega_A = (\dot{x} - \dot{z})/r,$$
$$\omega_B = (\dot{z} - \dot{y})/r,$$

quindi, sostituendo

$$\dot{z} = \dot{x} + \dot{y}$$
$$\omega_A = -\dot{y}/r,$$
$$\omega_B = \dot{x}/r,$$

La velocità angolare della puleggia è $\Omega = \frac{v}{2r} = \frac{\dot{x}-\dot{y}}{2r}$ quindi l'energia della puleggia è
$$T_P = \frac{1}{2}(\frac{1}{2}(2m)(2r)^2)\Omega^2 = \frac{1}{2}m(\dot{x}-\dot{y})^2$$
e l'energia cinetica totale è
$$T = \frac{1}{2}m(\dot{x}^2 + \dot{y}^2 + (\dot{x}+\dot{y})^2) + \frac{1}{2}(\frac{1}{2}mr^2)(\frac{\dot{x}}{r})^2 + \frac{1}{2}(\frac{1}{2}mr^2)(\frac{\dot{y}}{r})^2 + \frac{1}{2}m(\dot{x}-\dot{y})^2$$
$$= \frac{7}{4}m(\dot{x}^2 + \dot{y}^2)$$

Integrando $\dot{z} = \dot{x} + \dot{y}$ otteniamo $z = x + y + c$ dove c è una costante, quindi
$$V = -kr(2x + 2y + c) + \frac{1}{2}k[(x+y+c)^2 + (y-x)^2 + (2r)^2]$$

(c) La costante c è legata a quanto è srotolata la corda nella condizione iniziale. Calcoliamo i punti stazionari
$$\frac{\partial V}{\partial x} = -2kr + k[(x+y+c) - (y-x)] = k[-2r + 2x + c],$$
$$\frac{\partial V}{\partial y} = -2kr + k[(x+y+c) + (y-x)] = k[-2r + 2y + c]$$

quindi si ottiene la soluzione $x = y = r$ per $c = 0$.

(d) Poiché l'energia postenziale si scrive
$$V = \frac{k}{2}[2x^2 + 2y^2] + \text{ termini lineari}$$
si ha
$$B = 2k \begin{pmatrix} 1 & 0 \\ 0 & 1 \end{pmatrix}$$
mentre
$$A = \frac{7}{2}m \begin{pmatrix} 1 & 0 \\ 0 & 1 \end{pmatrix}$$
quindi i modi della sola oscillazione di x (con y costante) e della sola oscillazione di y (con x costante) sono già disaccopiati (principali), entrambi con pulsazione
$$\omega = \sqrt{\frac{4}{7}\frac{k}{m}}.$$

Soluzione esercizio 3

La velocità angolare del bullone si lega a quella traslazionale $\dot{x}$ nel modo seguente (è verticale ma il verso dipende da come si avvolge la filettatura, il segno comunque è irrilevante ai fini del problema)
$$\omega = \frac{10\pi}{r}\dot{x}$$

infatti una semplice proporzione mostra che uno spostamento dx dà luogo a una rotazione $\frac{d\theta}{2\pi} = \frac{dx}{r/5}$.

(a) Ne segue
$$T = \frac{1}{2}m\dot{x}^2 + \frac{1}{2}I(\frac{10\pi}{r}\dot{x})^2$$

Il momento d'inerzia è (metodo della compressione)
$$I = \int_r^{2r}\int_0^{2\pi} d\theta \frac{m}{\pi[(2r)^2 - r^2]}\rho^2 \rho\, d\rho\, d\theta$$
$$= \frac{2m}{3r^2}\int_r^{2r}\rho^3 d\rho = \frac{m}{6r^2}[(2r)^4 - r^4] = \frac{5}{2}mr^2$$

quindi
$$T = \frac{1}{2}m\dot{x}^2[1 + 250\pi^2]$$

(b) Un integrale primo è l'energia
$$E = T + V = \frac{1}{2}m\dot{x}^2[1 + 250\pi^2] + mgx.$$

(c) Poiché all'istante iniziale $x = 6r - r = 5r$ e $\dot{x} = 0$ concludiamo $E = 5mgr$. Dall'equazione
$$\frac{1}{2}m\dot{x}^2[1 + 250\pi^2] + mgx = 5mgr$$

ricaviamo
$$\dot{x} = -\sqrt{\frac{2g(5r - x)}{1 + 250\pi^2}}$$

e quindi, poiché all'istante in cui il bullone tocca terra, $x = r$, si ha
$$\tau = -\int_{5r}^r \sqrt{\frac{1 + 250\pi^2}{2g(5r - x)}}dx = \sqrt{\frac{1 + 250\pi^2}{2g}}\int_r^{5r}\frac{1}{\sqrt{5r - x}}dx$$
$$= \sqrt{\frac{1 + 250\pi^2}{2g}}[-2\sqrt{5r - x}]_r^{5r} = \sqrt{\frac{1 + 250\pi^2}{2g}}4\sqrt{r} = \sqrt{\frac{(1 + 250\pi^2)8r}{g}}$$

Un metodo alternativo, forse più semplice, consisteva nell'osservare che l'equazione di Lagrange porta a un moto uniformemente accelerato, e quindi nell'invertire la formula $x = -\frac{1}{2}at^2 + cost$ per tale moto.

(d) Per il teorema di König $T = T_G + T_R$ con
$$T_G = \frac{1}{2}m[(\omega r)^2 + \dot{x}^2] = \frac{1}{2}m[100\pi^2 + 1]\dot{x}^2$$

mentre, ottenendo la velocità angolare mediante la composizione dei moti, e usando la matrice d'inerzia
$$T_R = \frac{1}{2}[\frac{1}{12}m(4r)^2]\{\omega^2 \sin^2\beta + \dot{\beta}^2\} = \frac{2}{3}m\{100\pi^2\dot{x}^2 \sin^2\beta + r^2\dot{\beta}^2\}$$

7.2 Esame 2: 8 febbraio 2022

Esercizio 1

Si consideri la superficie di una piramide a base quadrata (non si consideri la base, dunque si considerino solo i quattro triangoli laterali). L'altezza della piramide è r e il lato del quadrato di base è $2r$. La massa di ciascun triangolo laterale è m.

(a) Discutere simmetrie e relazione con assi principali. Calcolare la matrice d'inerzia.

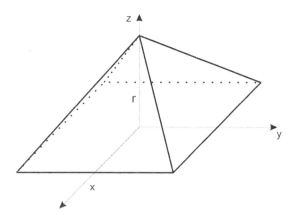

Esercizio 2

Il problema è bidimensionale e c'è gravità.

Sono date un'asta di massa m e lunghezza $3r$ e un disco omogeneo di massa m e raggio r come in figura. Il punto A, estremità dell'asta, è una cerniera fissa. Il disco appoggia su un piano che può traslare verticalmente senza ruotare. La molla ha costante elastica k. La coordinata generalizzata è θ.

Si sostituisca g in favore di k usando l'identità $kr = mg$.

(a) Determinare il centro istantaneo di rotazione del disco.

(b) Calcolare l'energia cinetica e l'energia potenziale.

(c) Determinare il punto stazionario e il periodo delle piccole oscillazioni.

(d) Si tolga la molla dal sistema (ma non la gravità) e si consideri la configurazione in cui $\theta = 30°$. Sia F una forza verso l'alto agente sul piano mobile. Quale momento M (positivo in senso orario) devo applicare al disco per mantenere il sistema in equilibrio?

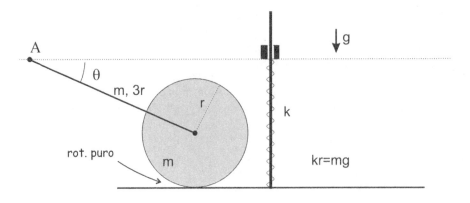

Esercizio 3

Il problema si svolge su un piano e non c'è gravità. È dato un cerchio fisso di raggio r che fa da guida a un'asta di lunghezza r e massa m. Le coordinate generalizzate sono α e β.

(a) Scrivere l'energia cinetica

(b) Scrivere il momento angolare rispetto a O.

(c) Se $\boldsymbol{F} = a\boldsymbol{i} + by\boldsymbol{j}$, scrivere l'energia potenziale $V(\alpha, \beta)$.

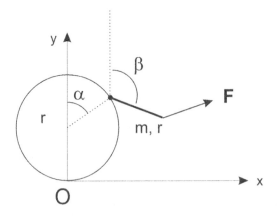

Soluzione esercizio 1

È facile trovare due piani di simmetria passanti per l'asse z e a $45°$ tra loro, perciò z è principale e l'ellissoide è tondo. Poiché x, y, z formano una terna di assi principali la matrice d'inerzia è diagonale.

Il momento dell'asse z si ottiene per compressione, riducendosi a un quadrato di lato $2r$ e massa $4m$ (volendo a questo punto si può usare il teorema dei sistemi piani e usare di nuovo la compressione per ridursi a due segmenti)

$$I_z = \frac{1}{6}(4m)(2r)^2 = \frac{8}{3}mr^2$$

Come detto I_x e I_y sono uguali tra loro e uguali al momento d'inerzia di qualunque asse sul piano xy passante per l'origine. Conviene prendere come asse quello in direzione della diagonale del quadrato (non conviene usare gli assi x o y in quanto la compressione manderebbe due triangoli laterali in segmenti non omogenei). Usando la compressione ci riduciamo a una figura piana composta da due triangoli rettangoli uguali di cateti $\sqrt{2}r$ e r e massa $2m$, dove l'asse passa dal vertice dell'angolo a $90°$. Ne segue

$$I_x = I_y = 2\frac{m}{6}(r^2 + (\sqrt{2}r)^2) = mr^2$$

$$I = mr^2 \begin{pmatrix} 1 & 0 & 0 \\ 0 & 1 & 0 \\ 0 & 0 & \frac{8}{3} \end{pmatrix}.$$

Soluzione esercizio 2

(a) Per il teorema di Chasles il centro istantaneo di rotazione si trova in O, come illustrato in figura.

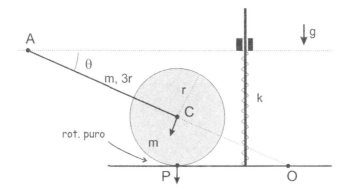

(b) L'energia cinetica dell'asta è

$$T_{asta} = \frac{1}{2}[\frac{1}{3}m(3r)^2]\dot{\theta}^2 = \frac{3}{2}mr^2\dot{\theta}^2$$

La velocità angolare dell'asta ω (positiva in senso orario) si trova passando dalla velocità di C

$$-\omega \overline{OC} = \dot\theta \overline{AC}$$

Si noti che $\overline{OC}\sin\theta = r$ mentre $\overline{AC} = 3r$ quindi

$$\omega = -3\dot\theta \sin\theta.$$

quindi

$$T_{disco} = \frac{1}{2}I_O\omega^2 = \frac{1}{2}[\frac{1}{2}mr^2 + m(\frac{r}{\sin\theta})^2](3\dot\theta \sin\theta)^2 = \frac{9}{4}mr^2[\sin^2\theta + 2]\dot\theta^2$$

L'energia potenziale è

$$V = -mg\frac{3}{2}r\sin\theta - mg3r\sin\theta + \frac{1}{2}k[3r\sin\theta + r]^2$$
$$= kr^2[-\frac{9}{2}\sin\theta + \frac{1}{2}(3\sin\theta + 1)^2]$$
$$= \frac{1}{2}kr^2[-3\sin\theta + 9\sin^2\theta] + cost$$

(c)
$$\frac{1}{kr^2}\frac{\partial V}{\partial \theta} = \cos\theta[-\frac{3}{2} + 9\sin\theta]$$

quindi le soluzioni sono

$$\theta_1 = \arcsin\frac{1}{6},$$

e $\theta_2 = \pi/2$. Differenziando ulteriormente

$$\frac{1}{kr^2}\frac{\partial^2 V}{\partial^2 \theta}|_{\theta_1} = 9\cos^2\theta_1 = 9[1 - \sin^2\theta_1] = 9\frac{35}{36} = \frac{35}{4}$$

$$\frac{1}{kr^2}\frac{\partial^2 V}{\partial^2 \theta}|_{\theta_2} = -\sin\theta_2[-\frac{3}{2} + 9\sin\theta_2] = -1[\frac{15}{2}] < 0$$

dunque il primo punto stazionario è stabile mentre il secondo è instabile. Per calcolare le piccole oscillazioni ci serve il coefficiente

$$B = \frac{35}{4}kr^2$$

Dalla forma quadratica T leggiamo subito che

$$A = \frac{97}{8}mr^2$$

quindi il periodo delle piccole oscillazioni è

$$\tau = 2\pi\sqrt{\frac{A}{B}} = 2\pi\sqrt{\frac{97}{70}\frac{m}{k}}$$

(d) Si introduca la coordinata cartesiana y diretta verso l'alto con lo zero nel punto A. La coordinata del piano è

$$y_P = -3r\sin\theta - r$$

mentre quella del centro del disco è $y_C = -3r\sin\theta$. Il principio dei lavori virtuali si scrive

$$-mg\frac{\mathrm{d}y_C}{2} - mg\mathrm{d}y_C + F\mathrm{d}y_P + M\omega\mathrm{d}t = 0$$

quindi

$$(-\frac{3}{2}mg + F)(-3r\cos\theta\mathrm{d}\theta) + M(-3\sin\theta)\dot\theta\mathrm{d}t = 0$$

e usando $\mathrm{d}\theta = \dot\theta\mathrm{d}t$

$$(-\frac{3}{2}mg + F)(-3r\cos\theta) - 3\sin\theta M = 0,$$

che implica

$$M = (\frac{3}{2}mg - F)r/\tan\theta = \sqrt{3}(\frac{3}{2}mg - F)r$$

Soluzione esercizio 3

(a) Si denoti con G il centro di massa dell'asta

$$G = (r\sin\alpha + \frac{r}{2}\sin\beta, r + r\cos\alpha + \frac{r}{2}\cos\beta)$$

$$\dot G = r(\cos\alpha\,\dot\alpha + \frac{1}{2}\cos\beta\,\dot\beta, -\sin\alpha\,\dot\alpha - \frac{1}{2}\sin\beta\,\dot\beta)$$

$$\dot G^2 = r^2[\dot\alpha^2 + \frac{1}{4}\dot\beta^2 + \dot\alpha\dot\beta\cos(\alpha-\beta)]$$

Per il teorema di König

$$\begin{aligned}T &= \frac{1}{2}m\dot G^2 + \frac{1}{2}(\frac{1}{12}mr^2)\dot\beta^2 \\ &= \frac{1}{2}mr^2[\dot\alpha^2 + \frac{1}{4}\dot\beta^2 + \dot\alpha\dot\beta\cos(\alpha-\beta)] + \frac{1}{2}(\frac{1}{12}mr^2)\dot\beta^2 \\ &= \frac{1}{2}mr^2[\dot\alpha^2 + \frac{1}{3}\dot\beta^2 + \dot\alpha\dot\beta\cos(\alpha-\beta)]\end{aligned}$$

(b) Per il teorema di König del momento angolare

$$\boldsymbol{L}(O) = mr^2[(\sin\alpha + \frac{1}{2}\sin\beta)\boldsymbol{i} + (1 + \cos\alpha + \frac{1}{2}\cos\beta)\boldsymbol{j}]$$
$$\times [(\cos\alpha\dot{\alpha} + \frac{1}{2}\cos\beta\dot{\beta})\boldsymbol{i} + (-\sin\alpha\dot{\alpha} - \frac{1}{2}\sin\beta\dot{\beta})\boldsymbol{j}] - (\frac{1}{12}mr^2)\dot{\beta}\boldsymbol{k}$$
$$= mr^2\{-(\sin\alpha + \frac{1}{2}\sin\beta)(\sin\alpha\dot{\alpha} + \frac{1}{2}\sin\beta\dot{\beta})$$
$$- (\cos\alpha + \frac{1}{2}\cos\beta)(\cos\alpha\dot{\alpha} + \frac{1}{2}\cos\beta\dot{\beta}) - [(\cos\alpha\dot{\alpha} + \frac{1}{2}\cos\beta\dot{\beta}) + \frac{1}{12}\dot{\beta}]\}\boldsymbol{k}$$
$$= -mr^2\{\dot{\alpha} + \frac{1}{4}\dot{\beta} + \frac{1}{4}\cos(\alpha - \beta)(\dot{\alpha} + \dot{\beta}) + [(\cos\alpha\dot{\alpha} + \frac{1}{2}\cos\beta\dot{\beta}) + \frac{1}{12}\dot{\beta}]\}\boldsymbol{k}$$

(c) La forza $\boldsymbol{F}$ deriva dall'energia potenziale $V = -ax - b\frac{1}{2}y^2$ quindi poiché il punto P a cui è applicata è

$$P = r(\sin\alpha + \sin\beta, 1 + \cos\alpha + \cos\beta)$$

si ha
$$V(\alpha, \beta) = -ar(\sin\alpha + \sin\beta) - br^2\frac{1}{2}(1 + \cos\alpha + \cos\beta)^2$$

7.3 Esame 3: 22 febbraio 2022

Esercizio 1

Si consideri due triangoli equilateri di lato a e massa m disposti come in figura.

(a) Discutere simmetrie e relazione con assi principali. Calcolare la matrice d'inerzia.

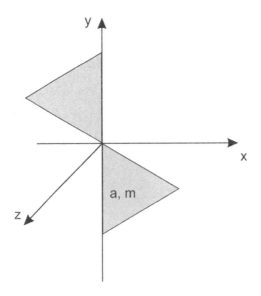

Esercizio 2

Il problema è bidimensionale e c'è gravità.

Sono date un'asta di massa m e lunghezza non rilevante, e due dischi di massa m e raggio r, disposti come in figura. Il disco in basso è il corpo 1, l'asta il corpo 2, e il disco in alto è il corpo 3.

Il corpo 1 rotola su un piano inclinato a $45°$. Il corpo 3 scivola su un supporto verticale. L'asta è vincolata a restare a $45°$. Nei punti di contatto P, A, B, c'è rotolamento puro. La coordinata generalizzata è x.

(a) Determinare il centro istantaneo di rotazione del corpo 3.

(b) Calcolare le energie cinetiche T_1, T_2, T_3.

(c) Calcolare le energie potenziali V_1, V_2, V_3 (a meno di una costante).

(d) Usando il principio dei lavori virtuali, determinare quale forza orizzontale F (positiva verso destra) dobbiamo applicare a G per mantenere il sistema in equilibrio.

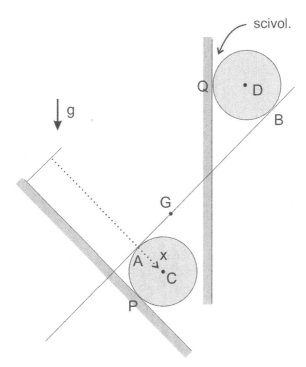

Esercizio 3

Sono dati due dischi e un cilindro (pieno) i cui centri restano fissi e allineati come in figura. I due dischi hanno raggio r e sono fermi e orizzontali. La distanza tra i dischi è tale per cui il cilindro è inclinato di 30° rispetto all'orizzontale. Il cilindro ha raggio r (figura non in scala). Il cilindro mantiene il contatto con il bordo dei dischi come in figura. Nel contatto c'è rotolamento puro. Il cilindro ha massa $2m$.

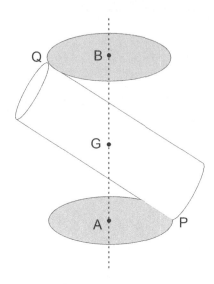

(a) Determinare la velocità angolare del cilindro in funzione della velocità angolare ω (positiva in senso antiorario) del punto geometrico di contatto P rispetto a A e scrivere l'energia cinetica.

(b) Supponiamo che sul cilindro agisca un momento meccanico $M\mathbf{k}$. Quale momento meccanico $M'\mathbf{u}$ con $\mathbf{u}$ versore diretto lungo l'asse del cilindro (verso il basso) dobbiamo applicare al cilindro per mantenere il sistema in equilibrio?

Soluzione esercizio 1

Il sistema ammette due piani di simmetria passanti per l'origine e contenenti l'asse z. Uno inclinato di 30° rispetto all'ascissa, l'altro inclinato di 30° rispetto all'ordinata. Poiché z ne è l'intersezione, ne deduciamo che z è principale. I vettori ortogonali ai piani di simmetria individuano assi principali, dunque una terna normalizzata di autovettori è

$$e_1 = \begin{pmatrix} \sqrt{3}/2 \\ 1/2 \\ 0 \end{pmatrix}, \quad e_2 = \begin{pmatrix} -1/2 \\ \sqrt{3}/2 \\ 0 \end{pmatrix}, \quad e_3 = \begin{pmatrix} 0 \\ 0 \\ 1 \end{pmatrix}.$$

È facile vedere che un triangolo equilatero di massa m e lato a rispetto a assi baricentrici ha un ellissoide d'inerzia tondo (per la presenza di piani di simmetria che si intersecano a angoli diversi da 90°). Il momento d'inerzia per un qualunque asse passante per il centro di massa è $I = 2\frac{1}{6}\frac{m}{2}(a/2)^2 = \frac{1}{24}ma^2$. Usando il teorema dei sistemi piani è facile vedere che la matrice d'inerzia è

$$\frac{1}{24}ma^2 \begin{pmatrix} 1 & 0 & 0 \\ 0 & 1 & 0 \\ 0 & 0 & 2 \end{pmatrix}.$$

Adesso possiamo calcolarci I_x e I_y del corpo originario usando Huygens-Steiner

$$I_x = 2[\frac{1}{24}ma^2 + m(a/2)^2] = \frac{7}{12}ma^2$$

$$I_y = 2[\frac{1}{24}ma^2 + m(\frac{a}{2\sqrt{3}})^2] = \frac{1}{4}ma^2$$

$$I_{xy} = 2[0 - m(\frac{a}{2})(-\frac{a}{2\sqrt{3}})] = \frac{ma^2}{2\sqrt{3}} = ma^2\frac{\sqrt{3}}{6}$$

quindi

$$I = ma^2 \begin{pmatrix} \frac{7}{12} & \frac{\sqrt{3}}{6} & 0 \\ \frac{\sqrt{3}}{6} & \frac{1}{4} & 0 \\ 0 & 0 & \frac{5}{6} \end{pmatrix} =$$

Ne segue che i momenti principali d'inerzia sono

$$I_1 = \frac{3}{4}ma^2, \quad I_2 = \frac{1}{12}ma^2, \quad I_3 = \frac{5}{6}ma^2.$$

Alternativamente potevamo calcolarci direttamente la matrice rispetto agli assi principali e eseguire una trasformazione di similitudine della matrice relativa a una rotazione di 30°.

Soluzione esercizio 2

Il centro istantaneo di rotazione del corpo 2 è P, quindi la velocità di A è diretta perpendicolarmente al segmento PA e dunque è orizzontale. Poiché il punto A ha velocità orizzontale e l'asta trasla, tutti i punti dell'asta hanno la stessa velocità orizzontale, in particolare $\boldsymbol{v}_G = \boldsymbol{v}_A = \boldsymbol{v}_B$. Ne segue che l'energia potenziale gravitazionale dell'asta non cambia nel tempo in quanto G resta sempre alla stessa quota.

Poiché $\overline{PA} = \sqrt{2}r$, si ha $v_A = \frac{\dot{x}}{r}\sqrt{2}r = \sqrt{2}\dot{x}$.

(a) Il centro istantaneo O del corpo 3 si trova usando il teorema di Chasles come in figura.

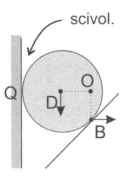

La velocità angolare del corpo 3 è $\omega_3 = v_B/(r/\sqrt{2}) = 2\dot{x}/r$.

(b)
$$T_1 = \frac{1}{2}(\frac{1}{2}mr^2 + mr^2)(\frac{\dot{x}}{r})^2 = \frac{3}{4}m\dot{x}^2,$$
$$T_2 = \frac{1}{2}m(\sqrt{2}\dot{x})^2 = m\dot{x}^2,$$
$$T_3 = \frac{1}{2}(\frac{1}{2}mr^2 + m(\frac{r}{\sqrt{2}})^2)(\frac{2\dot{x}}{r})^2 = 2m\dot{x}^2$$

(c) Si noti che $v_D = v_B = \sqrt{2}\dot{x}$ in quanto i due punti hanno la stessa distanza da O. Integrando troviamo che la quota di D ha la forma $-\sqrt{2}x + cost$.

$$V_1 = -mgx/\sqrt{2} + cost,$$
$$V_2 = 0 + cost,$$
$$V_3 = -mg\sqrt{2}x + cost$$

(d) Il principio dei lavori virtuali si scrive

$$mg\frac{\delta x}{\sqrt{2}} + F\sqrt{2}\delta x + mg\sqrt{2}\delta x = 0$$

quindi $F = -\frac{3}{2}mg$.

Soluzione esercizio 3

In base ai dati il cilindro ha altezza $2\sqrt{3}r$, si veda figura. I punti materiali del cilindro in corrispondenza di P, G, Q, sono istantaneamente fermi, dunque l'asse istantaneo di rotazione del cilindro passa da essi.

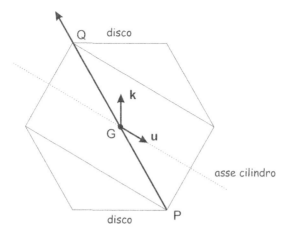

(a) In un riferimento K_1 che ruota in senso antiorario con velocità angolare $\omega \boldsymbol{k}$ l'asse del cilindro risulta fisso e dunque corrisponde all'asse di rotazione in tale riferimento. Poiché in tale riferimento il punto materiale P ha velocità $v_P = -\omega r \boldsymbol{k}$, si conclude (il riferimento del cilindro è il riferimento 2) $\boldsymbol{\omega}_{12} = -(\omega r)/r \boldsymbol{u} = -\omega \boldsymbol{u}$ poiché la distanza di P dall'asse è r. Infine

$$\boldsymbol{\omega}_{02} = \omega \boldsymbol{k} - \omega \boldsymbol{u} = \omega(\boldsymbol{k} - \boldsymbol{u})$$

Gli assi principali del cilindro sono individuati da $\boldsymbol{e}_1 = \boldsymbol{u}$ e dal suo perpendicolare $\boldsymbol{e}_2$. I momenti d'inerzia principali

$$I_1 = \int \mathrm{d}m(x^2 + y^2) = \frac{1}{2}mr^2, \qquad I_2 = \int \mathrm{d}m(x^2 + z^2), \qquad I_3 = \int \mathrm{d}m(y^2 + z^2)$$

dove x, y, z sono coordinate cartesiane orientate come gli assi principali del cilindro (la base del cilindro è parallela al piano yz). I_1 si ottiene facilmente per compressione. Chiaramente $I_2 = I_3$ quindi

$$2I_2 = I_2 + I_3 = \int \mathrm{d}m(2z^2 + x^2 + y^2) = I_1 + 2\int z^2 \mathrm{d}m$$

Denotando con A l'area di base e con $h = 2\sqrt{3}r$ l'altezza del cilindro $m = \rho A h$, $\int z^2 \mathrm{d}m = \int_{-h/2}^{h/2} z^2 \mathrm{d}z A\rho = \frac{1}{12}h^3\rho A = \frac{1}{12}mh^2 = mr^2$, quindi

$$I_2 = I_3 = \frac{5}{4}mr^2.$$

Il vettore $\boldsymbol{k}$ va scomposto nelle direzioni principali. Alla fine otteniamo

$$T = \frac{1}{2}I_1(\frac{3}{2}\omega)^2 + \frac{1}{2}I_2(\frac{\sqrt{3}}{2}\omega)^2 = \frac{1}{2}(\frac{1}{2}mr^2)(\frac{3}{2}\omega)^2 + \frac{1}{2}(\frac{5}{4}mr^2)(\frac{\sqrt{3}}{2}\omega)^2 = \frac{33}{32}mr^2\omega^2.$$

(b) Poiché la potenza esercitata dalla forze attive è $M(G)\cdot\omega$, per avere lavoro virtuale nullo bisogna che il momento meccanico applicato sia ortogonale a ω_{02}. Questo è vero se $M' = M$ infatti
$$(k - u) \cdot (k + u) = 1 - 1 = 0.$$

7.4 Esame 4: 19 aprile 2022

Esercizio 1

È data una calotta piena di massa m (cioè ci interessa l'interno, non il bordo che ha massa nulla) compresa nella regione
$$z \geq 0, \qquad z \leq R - r^2/R$$
dove (r, θ, z) sono coordinate cilindriche. Si calcoli la matrice d'inerzia.

Esercizio 2

Il problema si svolge su un piano e c'è gravità. Sono dati tre dischi di raggio r e massa m. Ammettiamo rotolamento puro in tutti i punti di contatto a parte in Q (specifichiamo cosa avviene in Q in un momento). Da sinistra verso destra i dischi sono rispettivamente i corpi 1,2 e 3.

Sia θ l'angolo tra la verticale e la congiungente G_1G_2.

(a) Assumendo scivolamento in Q, scrivere l'energia cinetica in funzione di $\theta, \dot\theta$.

(b) Supponiamo che ci sia attrito statico in Q. Usando il principio dei lavori virtuali, quale forza di attrito F_a deve agire sul contatto tra il disco 3 e il piano per avere equilibrio? Quando $\theta = 30°$ quanto vale il minimo valore del coefficiente di attrito statico μ_s tra dischi e pavimento affinché il sistema non si muova?

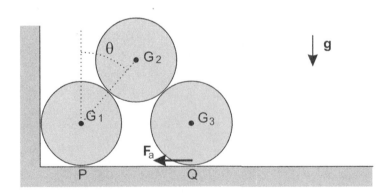

Esercizio 3

Il problema è bidimensionale e c'è gravità.

È dato un piano di massa m che oscilla come un pendolo individuato da una coordianta α (vedi figura). La lunghezza della corda (senza massa) è $2r$. Sul piano appoggia un disco di raggio r e massa m il cui centro C è vincolato a scorrere verticalmente su una guida ferma rispetto al riferimento inerziale. Nell'appoggio c'è rotolamento puro. Infine è presente un secondo piano di massa m, del tutto analogo al primo (vedi figura), dove l'angolo della corda rispetto alla verticale è β.

Il piano più in alto è il corpo 1, il secondo piano è il corpo 2, il disco è il corpo 3.

(a) Determinare il centro istantaneo di rotazione del disco.

(b) Calcolare le energie cinetiche T_1, T_2, T_3.

(c) Calcolare le energie potenziali V_1, V_2, V_3 (a meno di una costante).

(d) Determinare le configurazioni di equilibrio stabile e discutere le piccole oscillazioni.

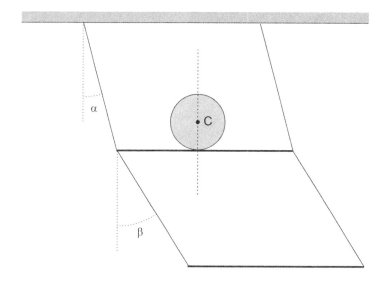

Soluzione esercizio 1

La base della calotta ha raggio R infatti $z = 0$ quando $r = R$. L'elemento di volume è $dV = r\,dr\,d\theta\,dz$. Il volume della calotta è

$$V = \int_0^R r\,dr \int_0^{2\pi} d\theta \int_0^{R-r^2/R} dz = 2\pi \int_0^R r(R - r^2/R)dr = 2\pi \int_0^R (Rr - \frac{1}{R}r^3)dr$$

$$= 2\pi(R\frac{1}{2}R^2 - \frac{1}{R}\frac{R^4}{4}) = \frac{\pi}{2}R^3$$

quindi la densità è $\rho = \frac{m}{R^3}\frac{2}{\pi}$.

Per simmetria rotazionale intorno all'asse z l'ellissoide è tondo. Poiché i piani xy, yz, zx sono di simmetria gli assi x, y, z sono principali, quindi $I_x = I_y$, $I_{xy} = I_{yz} = I_{zx} = 0$. Si ha

$$I_z = \rho \int_0^R r^3 \mathrm{d}r \int_0^{2\pi} \mathrm{d}\theta \int_0^{R-r^2/R} \mathrm{d}z = 2\pi\rho \int_0^R r^3(R - r^2/R)\mathrm{d}r = 2\pi\rho \int_0^R (Rr^3 - \frac{1}{R}r^5)\mathrm{d}r$$
$$= 2\pi\rho(R\frac{1}{4}R^4 - \frac{1}{R}\frac{R^6}{6}) = \frac{4m}{R^3}\frac{1}{12}R^5 = \frac{m}{3}R^2.$$

$$I_x = \rho \int_0^R \int_0^{2\pi} \int_0^{R-r^2/R} (z^2 + (r\sin\theta)^2) r\mathrm{d}r\mathrm{d}\theta\mathrm{d}z = \frac{m}{6}R^2 + 2\pi\rho \int_0^R \frac{r}{3}(R - r^2/R)^3 \mathrm{d}r$$
$$= \frac{m}{6}R^2 - \frac{4m}{R^2}\frac{1}{24}(R-r^2/R)^4\big|_0^R = \frac{m}{6}R^2 + \frac{4m}{R^2}\frac{1}{24}R^4 = \frac{1}{3}mR^2$$

Soluzione esercizio 2

Il corpo 1 ha due punti di contatto. Non possono essere entrambi centri istantanei di rotazione, quindi il corpo 1 è fermo. Poiché il corpo 1 è fermo il punto O_2 in figura è il centro istantaneo di rotazione del corpo 2.

$$\omega_2 = -2\dot\theta$$

$$v_A = |\omega_2| 2r\sin\theta = 4r\dot\theta\sin\theta$$

$$\overline{O_3 A} = r\sin\theta$$

$$\omega_3 = v_A/\overline{O_3 A} = 4\dot\theta$$

$$T_2 = \frac{1}{2}(\frac{3}{2}mr^2)(2\dot\theta)^2 = 3mr^2\dot\theta^2$$

$$T_3 = \frac{1}{2}(\frac{1}{2}mr^2 + m(r\cos\theta)^2)(4\dot\theta)^2 = 4mr^2(1 + 2\cos^2\theta)\dot\theta^2$$

$$T = mr^2(7 + 8\cos^2\theta)\dot\theta^2$$

Determiniamo come cambia y_{G_2} al variare di θ

$$y_{G_2} = r + 2r\cos\theta$$

$$\mathrm{d}y_{G_2} = -2r\sin\theta\mathrm{d}\theta$$

7.4. ESAME 4: 19 APRILE 2022

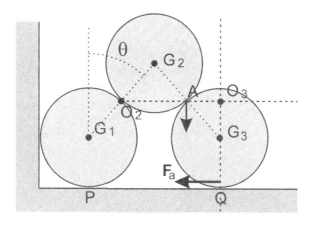

$$0 = \delta L = -mg(-2r\sin\theta d\theta) - F_a\omega_3 dt \overline{O_3Q} = mg2r\sin\theta d\theta - F_a 4d\theta(r + r\cos\theta)$$

$$F_a = \frac{mg}{2}\frac{\sin\theta}{1+\cos\theta}$$

$$N = 3mg/2$$

$$\min\mu_s = F_a/N = \frac{1}{3}\frac{\sin\theta}{1+\cos\theta} \to \frac{1}{6}\frac{1}{1+\sqrt{3}/2}$$

Soluzione esercizio 3

La velocità di traslazione del piano 1 è

$$v_1 = 2r\dot\alpha$$

$$T_1 = \frac{1}{2}mv_1^2 = \frac{1}{2}m(2r\dot\alpha)^2 = 2mr^2\dot\alpha^2$$

Il centro istantaneo di rotazione O_3 è posizionato come in figura

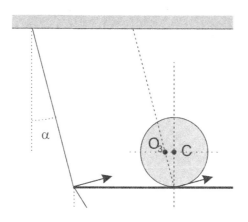

$$\omega_3 = \frac{v_1}{r/\cos\alpha} = 2\cos\alpha\dot\alpha$$

$$\overline{O_3C} = r\tan\alpha,$$

$$T_3 = \frac{1}{2}(\frac{1}{2}mr^2 + m(r\tan\alpha)^2)(2\cos\alpha\dot\alpha)^2 = mr^2(1+\sin^2\alpha)\dot\alpha^2$$

Per calcolare l'energia del corpo 2 introduciamo coordinate cartesiane

$$G_2 = 2r(\sin\alpha + \sin\beta + \text{cost}, -\cos\alpha - \cos\beta)$$

$$\dot G_2 = 2r(\dot\alpha\cos\alpha + \dot\beta\cos\beta, \dot\alpha\sin\alpha + \dot\beta\sin\beta)$$

$$v_2^2 = \dot G_2^2 = 4r^2(\dot\alpha^2 + \dot\beta^2 + 2\dot\alpha\dot\beta\cos(\alpha-\beta))$$

$$T_2 = \frac{1}{2}mv_2^2 = 2mr^2(\dot\alpha^2 + \dot\beta^2 + 2\dot\alpha\dot\beta\cos(\alpha-\beta))$$

Le energie potenziali sono

$$V_1 = -mg2r\cos\alpha$$

$$V_2 = -mg2r(\cos\alpha + \cos\beta)$$

$$V_3 = -mg2r\cos\alpha$$

7.5 Esame 5: 21 giugno 2022

Esercizio 1

Il problema si svolge su un piano e c'è gravità.

Sono date due aste di lunghezza $2r$ e massa m incernierate tra loro alla comune estremità C. Il punto C è vincolato a scorrere verticalmente. Le aste sono appoggiate su punti A e B sopra i quali scorrono senza attrito. Si ha $\overline{AB} = 2r$. Una molla di costante elastica k collega il punto medio di A e B con il punto C. Si ha $kr = mg$. Nel conto di V si sostituisca g in favore di k.

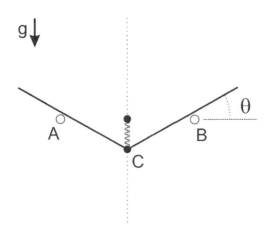

7.5. ESAME 5: 21 GIUGNO 2022

(a) Determinare il centro istantaneo di rotazione di ciascuna asta.

(b) Scrivere l'energia cinetica e l'energia potenziale in funzione di $\theta, \dot\theta$.

(c) Calcolare il periodo delle piccole oscillazioni.

(d) Togliamo la molla e la gravità. Per $\theta = \pi/6$ quale forza orizzontale F dobbiamo applicare all'estremità dell'asta di sinistra (non C), per avere equilibrio con un momento meccanico M antiorario applicato all'asta di destra?

Esercizio 2

Il problema è tridimensionale e c'è gravità.

Si consideri una palla omogenea di raggio $2r$ e centro G dalla quale viene rimossa una palla di raggio r e centro B, in modo che $\overline{BG} = r$. Sappiamo che il corpo risultante ha massa $7m$.

(a) Si determini la matrice d'inerzia di questa palla bucata, rispetto alla terna (G, x, y, z) dove z passa da G e B.

Immaginiamo di saldare la palla bucata a un'asta di massa nulla, di lunghezza $6r$ e di estremità G e O. L'asta GO oscilla come un pendolo vincolato al punto fisso (cerniera) O in modo che l'oscillazione avviene su un piano verticale. Contemporaneamente la palla rotola senza scivolare su un piano verticale (in figura) distante $2r$ dal piano di oscillazione, il punto di contatto essendo P.

Sia $\boldsymbol{k}$ il versore uscente dal piano (in direzione della palla), $\boldsymbol{u}$ il versore in direzione GO e $\boldsymbol{v} = \boldsymbol{k} \times \boldsymbol{u}$.

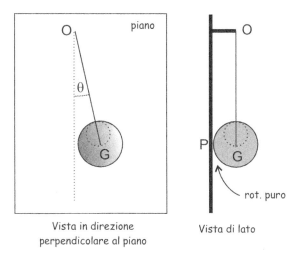

Vista in direzione perpendicolare al piano

Vista di lato

(b) Si scriva la velocità angolare nelle componenti della terna ortonormale $(\boldsymbol{k}, \boldsymbol{u}, \boldsymbol{v})$ in funzione di $\theta, \dot\theta$, con θ angolo dell'asta GO rispetto alla verticale.

(c) Calcolare l'energia cinetica T e l'energia potenziale V.

(d) Calcolare il periodo delle piccole oscillazioni.

(e) Come cambia V se il piano è inclinato di un angolo α rispetto alla verticale?

Soluzione esercizio 1

Il centro istantaneo di rotazione O dell'asta di destra si determina usando il teorema di Chasles, osservando che il punto materiale dell'asta corrispondente al punto B deve muoversi, all'istante considerato, nella direzione dell'asta (altrimenti in tempi precedenti o successivi l'asta attraverserebbe l'appoggio B, una contraddizione).

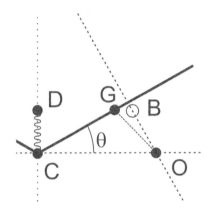

Si noti che $\overline{CB} = r/\cos\theta$ e $\overline{CO} = \overline{CB}/\cos\theta$ quindi
$$\overline{CO} = \frac{r}{\cos^2\theta}$$

L'energia cinetica totale è quindi, usando Carnot,
$$T = 2\frac{1}{2}I_O\dot\theta^2 = \{I_G + m[r^2 + \overline{CO}^2 - 2r\overline{CO}\cos\theta]\}\dot\theta^2$$
$$= \{\frac{1}{12}2^2 + [1 + \frac{1}{\cos^4\theta} - 2\frac{1}{\cos\theta}]\}mr^2\dot\theta^2$$
$$= \{\frac{4}{3} + \frac{1}{\cos^4\theta} - 2\frac{1}{\cos\theta}\}mr^2\dot\theta^2$$

Ora si noti che $\overline{DC} = r\tan\theta$, e la quota di G rispetto allo zero D è
$$-r\tan\theta + r\sin\theta$$

quindi l'energia potenziale è
$$V = \frac{1}{2}kr^2\tan^2\theta + 2mg(-r\tan\theta + r\sin\theta)$$
$$= \frac{1}{2}kr^2\{\tan^2\theta - 4\tan\theta + 4\sin\theta\}$$

Si noti che

$$\frac{\partial V}{\partial \theta} = \frac{1}{2}kr^2\{2\frac{\sin\theta}{\cos^3\theta} - 4\frac{1}{\cos^2\theta} + 4\cos\theta\}$$
$$= \frac{kr^2}{2\cos^3\theta}\{2\sin\theta - 4\cos\theta + 4\cos^4\theta\}$$

Vediamo che $\theta = 0$ è un punto stazionario. Non è l'unico perché ho scelto una costante elastica k troppo debole rispetto alla gravità. Uno studio più approfondito mostra che comunque è l'unico stabile, essendo $\theta \leq \pi/3$ per ragioni geometriche (altrimenti l'asta esce dall'appoggio).

Si ha

$$b = \frac{\partial^2 V}{\partial \theta^2}(0) = \frac{kr^2}{2\cos^3\theta}\{2\cos\theta + 4\sin\theta - 16\sin\theta\cos^3\theta\}|_{\theta=0} = kr^2$$

mentre $a = \frac{\partial^2 T}{\partial \dot\theta^2}(0) = \frac{2}{3}mr^2$, quindi

$$\omega = \sqrt{b/a} = \sqrt{\frac{3k}{2m}} \quad \Rightarrow \quad \tau = 2\pi\sqrt{\frac{2m}{3k}}$$

Per l'ultimo punto

$$M\mathrm{d}\theta - F2r\sin\theta\mathrm{d}\theta = 0$$

da cui segue $Fr = M$.

Soluzione esercizio 2

La palla piena ha raggio doppio rispetto a quella rimossa, quindi la sua massa è otto volte più grande, da cui segue che il corpo risultante ha sette volte la massa della palla rimossa. Concludiamo che la palla piena di raggio $2r$ ha massa $8m$, mentre la palla di raggio r ha massa m.

Si ha

$$I_z^G = \frac{2}{5}(8m)(2r)^2 - \frac{2}{5}mr^2 = \frac{62}{5}mr^2$$

$$I_x^G = I_y^G = \frac{2}{5}(8m)(2r)^2 - [\frac{2}{5}mr^2 + mr^2] = \frac{57}{5}mr^2$$

mentre i termini centrifughi si annullano. Si noti che il centro di massa C del corpo risultante ha coordinata

$$z(C) = \frac{8m0 - mr}{7m} = -\frac{1}{7}r$$

e quindi $\overline{OC} = 6r + \frac{1}{7}r = \frac{43}{7}r$.

Di fatto per il calcolo dell'energia cinetica ci servirà I_P, in quanto P è il punto istantaneamente fermo della palla. Orientiamo x in modo che sia perpendicolare e uscente al piano, z nella direzione GO, e y tangente al piano, ovvero usiamo coordinate cartesiane di versori $(\boldsymbol{k}, -\boldsymbol{v}, \boldsymbol{u})$. I_P si può ottenere con Huygens-Steiner centrate in P)

$$I_P = \frac{mr^2}{5}\begin{pmatrix}57 & 0 & 0\\ 0 & 57 & 0\\ 0 & 0 & 62\end{pmatrix} + 7mr^2 \begin{pmatrix}\frac{1}{49} & 0 & \frac{1}{7}\\ 0 & 1+\frac{1}{49} & 0\\ \frac{1}{7} & 0 & 1\end{pmatrix}$$

$$= \frac{mr^2}{35}\begin{pmatrix}399 & 0 & 0\\ 0 & 399 & 0\\ 0 & 0 & 434\end{pmatrix} + \frac{mr^2}{35}\begin{pmatrix}5 & 0 & 35\\ 0 & 250 & 0\\ 35 & 0 & 245\end{pmatrix}$$

$$= \frac{mr^2}{35}\begin{pmatrix}404 & 0 & 35\\ 0 & 649 & 0\\ 35 & 0 & 679\end{pmatrix}$$

L'energia potenziale è

$$V = -7mg\overline{OC}\cos\theta = -43mgr\cos\theta$$

Abbiamo detto che il punto di contatto P è un punto istantaneamente fermo, quindi l'asse istantaneo di rotazione passa da tale punto. Sia

$$\boldsymbol{\omega} = a\boldsymbol{k} - b\boldsymbol{v} + c\boldsymbol{u}.$$

Poiché $G - P = r\boldsymbol{k}$ e $\boldsymbol{v}(G) = -6r\dot\theta\boldsymbol{v}$ deve essere $b = 0$ e $c = 6\dot\theta$. Ma $\boldsymbol{v}(B) = -5r\dot\theta\boldsymbol{v}$, e $B - P = r\boldsymbol{k} + r\boldsymbol{u}$ da cui segue $a = \dot\theta$. Quindi

$$\boldsymbol{\omega} = \dot\theta[\boldsymbol{k} + 6\boldsymbol{u}].$$

e

$$T = \frac{1}{2}\boldsymbol{\omega}\cdot I_P(\boldsymbol{\omega}) = \frac{1}{2}mr^2\dot\theta^2\frac{1}{35}[404 + 6^2\times 679 + 2\times 35\times 6] = \frac{1}{2}mr^2\dot\theta^2\frac{25268}{35}$$

Sia ha la pulsazione delle piccole oscillazioni

$$\Omega = \sqrt{\frac{43mgr}{mr^2\frac{25268}{35}}} = \sqrt{\frac{1505}{25268}\frac{g}{r}}$$

Nel caso in cui il piano sia inclinato di un angolo α

$$V = -7mg\overline{OC}\cos\theta\cos\alpha = -43mgr\cos\alpha\cos\theta.$$

7.6 Esame 6: 12 luglio 2022

Esercizio 1

Si consideri il corpo in figura. Calcolare la matrice d'inerzia secondo la seguente interpretazione della figura

(a) È una piastra rettangolare omogenea di massa m.

(b) È una cornice formata da quattro aste, ciascuna di massa m.

Si discutano le simmetrie.

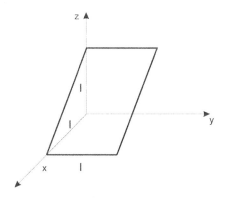

Esercizio 2

C'è gravità. Per i punti (a)-(c) il problema è bidimensionale.

Si consideri una guida fissa orizzontale EF su cui rotola un anello di centro C, raggio r e massa m. L'anello e la guida stanno sul medesimo piano verticale Σ. La posizione dell'anello è individuata dalla coordinata x, il cui zero sta sul punto medio di EF.

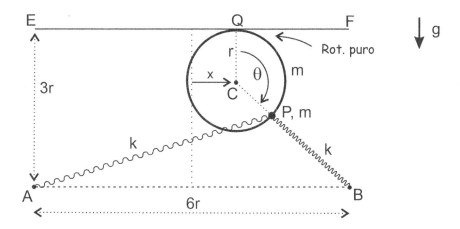

Un punto materiale P di massa m scorre sull'anello ed è individuato dalla coordinata θ. Ci sono due molle disposte come in figura, dove A e B sono punti fissi (ma solo per le domande (a)-(c)).

Le coordinate generalizzate sono (x, θ). Nei conti si sostituisca g in favore di k sapendo che vale l'identità $kr = mg$.

(a) Si determini T e V.

(b) Si discutano i punti stazionari e la stabilità.

(c) Si discutano le piccole oscillazioni.

Supponiamo che Σ, ovvero il piano dell'anello (quindi anche A e B si muovono con il piano), possa inclinarsi rispetto alla verticale ruotando sulla guida fissa EF, e sia α is relativo angolo. La coordinata α è ora una coordinata generalizzata.

(d) Si calcoli come cambiano T e V.

Soluzione esercizio 1

Nel caso (a)
$$I = \frac{1}{12}ml^2 \begin{pmatrix} 8 & -3 & -2 \\ -3 & 8 & -3 \\ -2 & -3 & 8 \end{pmatrix}$$

Nel caso (b)
$$I = ml^2 \begin{pmatrix} \frac{10}{3} & -1 & -\frac{1}{3} \\ -1 & \frac{10}{3} & -1 \\ -\frac{1}{3} & -1 & \frac{10}{3} \end{pmatrix}$$

Soluzione esercizio 2

Rispetto a opportune coordinate cartesiane la posizione di P è
$$P = (x + r\sin\theta, -r + r\cos\theta)$$

dunque
$$\dot{P} = (\dot{x} + r\cos\theta\dot{\theta}, -r\sin\theta\dot{\theta})$$
$$\dot{P}^2 = \dot{x}^2 + r^2\dot{\theta}^2 + 2r\dot{x}\dot{\theta}\cos\theta$$

$$T = \frac{1}{2}(mr^2 + mr^2)(\frac{\dot{x}}{r})^2 + \frac{1}{2}m[\dot{x}^2 + r^2\dot{\theta}^2 + 2r\dot{x}\dot{\theta}\cos\theta]$$
$$= \frac{1}{2}m[3\dot{x}^2 + r^2\dot{\theta}^2 + 2r\dot{x}\dot{\theta}\cos\theta]$$

$$A = (-3r, -3r),$$
$$B = (3r, -3r)$$

$$P - A = (x + r\sin\theta + 3r, r\cos\theta + 2r),$$
$$P - B = (x + r\sin\theta - 3r, r\cos\theta + 2r)$$

7.6. ESAME 6: 12 LUGLIO 2022

$$(P-A)^2 + (P-B)^2 = (x + r\sin\theta + 3r)^2 + (x + r\sin\theta - 3r)^2 + 2(r\cos\theta + 2r)^2$$
$$= 2(x + r\sin\theta)^2 + 2(r\cos\theta + 2r)^2 + cost$$
$$= 2x^2 + 4xr\sin\theta + 8r^2\cos\theta + cost$$

$$V = mg(-r + r\cos\theta) + \frac{1}{2}k[2x^2 + 4xr\sin\theta + 8r^2\cos\theta] + cost$$
$$= \frac{1}{2}k[2x^2 + 4xr\sin\theta + 10r^2\cos\theta] + cost$$

$$\frac{\partial V}{\partial x} = 2k[x + r\sin\theta]$$
$$\frac{\partial V}{\partial \theta} = kr[2x\cos\theta - 5r\sin\theta]$$

Punti stazionari $(0,0)$, $(0,\pi)$.

$$\frac{\partial^2 V}{\partial x^2} = 2k,$$
$$\frac{\partial^2 V}{\partial \theta^2} = kr[-2x\sin\theta - 5r\cos\theta],$$
$$\frac{\partial^2 V}{\partial x \partial \theta} = 2kr\cos\theta$$

Sia $A = HessT$, $B = HessV$. Poiché sul primo punto stazionario $B_{22} < 0$, questo è instabile. Sul secondo punto stazionario

$$B = k\begin{pmatrix} 2 & -2r \\ -2r & 5r^2 \end{pmatrix}$$

Si ha stabilità in quanto B definita positiva, essendo $B_{11} > 0$ e $\det B > 0$.

$$A = m\begin{pmatrix} 3 & -r \\ -r & r^2 \end{pmatrix}$$

Ridefiniamo la seconda coordinata generalizzata, $y := r\theta$, allora

$$B' = k\begin{pmatrix} 2 & -2 \\ -2 & 5 \end{pmatrix}, \qquad A' = m\begin{pmatrix} 3 & -1 \\ -1 & 1 \end{pmatrix}$$

$$B' - \lambda A' = k\begin{pmatrix} 2 - 3\eta & -2 + \eta \\ -2 + \eta & 5 - \eta \end{pmatrix}$$

con $\lambda = \frac{k}{m}\eta$, $\omega = \sqrt{\frac{k}{m}\eta}$. I valori di η sono ottenuti imponendo $\det(B' - \lambda A') = 0$ ovvero

$$(2 - 3\eta)(5 - \eta) - (\eta - 2)^2 = 0 \implies 2\eta^2 - 13\eta + 6 = 0$$

$$\eta_{1,2} = \frac{13 \pm \sqrt{13^2 - 48}}{4} = \frac{13 \pm \sqrt{121}}{4} = \frac{13 \pm 11}{4}$$

quindi $\eta_1 = 6$, $\eta_2 = 1/2$.

Svolgiamo il punto (d).

$$V = mg(-r + r\cos\theta)\cos\alpha + \frac{1}{2}k[2x^2 + 4xr\sin\theta + 8r^2\cos\theta]$$

$$T = \frac{1}{2}(mr^2 + mr^2)(\frac{\dot{x}}{r})^2 + \frac{1}{2}(\frac{1}{2}mr^2 + mr^2)\dot{\alpha}^2$$
$$+ \frac{1}{2}m\{[\dot{x}^2 + r^2\dot{\theta}^2 + 2r\dot{x}\dot{\theta}\cos\theta] + \dot{\alpha}^2[-r + r\cos\theta]^2\}$$

7.7 Esame 7: 9 settembre 2022

Esercizio 1

Si considerino i tre corpi in figura. Abbiamo un disco omogeneo di raggio $2r$ con un buco di raggio r. La sua massa è $3r$. Abbiamo poi due piastre rettangolari inclinate di $45°$ di massa m.

(a) Calcolare le matrici d'inerzia dei corpi 1, 2, 3 e totale.

(b) Discutere le simmetrie.

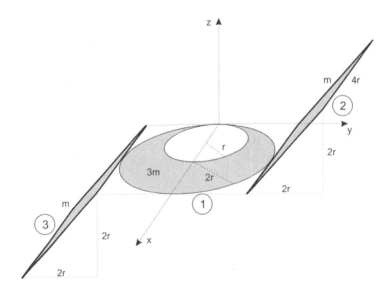

7.7. ESAME 7: 9 SETTEMBRE 2022

Esercizio 2

Si consideri un anello di massa m che rotola senza scivolare su un piano orizzontale. L'anello si trascina un'asta di massa m incernierata in un punto B dell'anello e appoggiata all'altra estremità A al piano. In A c'è scivolamento e non c'è attrito.

Abbiamo anche un'asta vincolata a rimanere verticale nel moto e tangente all'anello. Nel punto di tangenza c'è rotolamento puro. Infine abbiamo una molla di costante elastica k disposta come in figura. C'è gravità. La coordinata generalizzata è data dallo spostamento x del centro G_1 e la figura nella parte superiore mostra la configurazione iniziale quando $x = 0$ (B è alla sommità dell'anello, G_1G_3 e AD formano segmenti orizzontali).

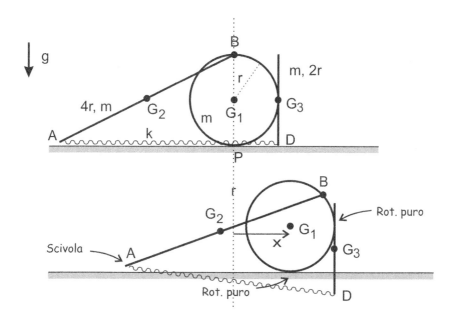

(a) Scrivere T_1, T_2, T_3 e determinare il centro istantaneo O_2 del corpo 2.

(b) Scrivere V.

Soluzione esercizio 1

$$I_1 = \frac{15}{4}mr^2 \begin{pmatrix} 1 & 0 & 0 \\ 0 & 5 & 0 \\ 0 & 0 & 6 \end{pmatrix} = \frac{1}{12}mr^2 \begin{pmatrix} 45 & 0 & 0 \\ 0 & 225 & 0 \\ 0 & 0 & 270 \end{pmatrix}$$

$$I_2 = \frac{1}{3}mr^2 \begin{pmatrix} 32 & -18 & -6 \\ -18 & 20 & -10 \\ -6 & -10 & 44 \end{pmatrix} = \frac{1}{12}mr^2 \begin{pmatrix} 128 & -72 & -24 \\ -72 & 80 & -40 \\ -24 & -40 & 176 \end{pmatrix}$$

$$I_3 = \frac{1}{3}mr^2 \begin{pmatrix} 32 & 18 & 6 \\ 18 & 20 & -10 \\ 6 & -10 & 44 \end{pmatrix} = \frac{1}{12}mr^2 \begin{pmatrix} 128 & 72 & 24 \\ 72 & 80 & -40 \\ 24 & -40 & 176 \end{pmatrix}$$

$$I = I_1 + I_2 + I_3 = \frac{1}{12}mr^2 \begin{pmatrix} 301 & 0 & 0 \\ 0 & 385 & -80 \\ 0 & -80 & 622 \end{pmatrix}$$

C'è una simmetria per rotazione di 180° intorno all'asse x. Dunque i di componenti $(1,0,0)$ è un autovettore. Infatti lo verifichiamo dalla matrice. Il suo autovalore è $\frac{349}{12}mr^2$.

Soluzione esercizio 2

L'angolo di rotazione dell'anello è $\theta = x/r$, e la velocità angolare è $\dot\theta = \dot x/r$.

$$T_1 = \frac{1}{2}(mr^2 + mr^2)(\frac{\dot x}{r})^2 = m\dot x^2.$$

$$T_3 = \frac{1}{2}m(\sqrt{2}\dot x)^2 = m\dot x^2$$

$$B = (x + r\sin\theta, r + r\cos\theta)$$

Calcoliamoci le coordinate di qualche punto di interesse

$$A = (x + r\sin\theta - \sqrt{(4r)^2 - [r + r\cos\theta]^2}, 0)$$

$$G_2 = (x + r\sin\theta - \frac{1}{2}\sqrt{(4r)^2 - [r + r\cos\theta]^2}, [r + r\cos\theta]/2)$$

$$D = (x + r, -x)$$

La lunghezza al quadrato della molla è

$$|A - D|^2 = \{r\sin\theta - r - \sqrt{(4r)^2 - [r + r\cos\theta]^2}\}^2 + x^2$$

quindi

$$V = \frac{1}{2}k|A - D|^2 + mg[r + r\cos\theta]/2 + mg(r - x).$$

Per il teorema di Chasles il centro istantaneo di rotazione O_2 sta sulla retta verticale passante per A e sulla retta passante per P e B. Poiché l'angolo alla circonferenza è la metà dell'angolo al centro, l'angolo G_1PB è $\theta/2$, e poiché

$$\overline{AP} = \sqrt{(4r)^2 - [r + r\cos\theta]^2} - r\sin\theta$$

si ha

$$O_2 = (x + r\sin\theta - r\sqrt{16 - [1 + \cos\theta]^2}, \{r\sqrt{16 - [1 + \cos\theta]^2} - r\sin\theta\}/\tan(\theta/2))$$

Per trovare la velocità angolare ci serve quella di A

$$\dot{A} = (\dot{x} + r\cos\theta\dot\theta - r\frac{1+\cos\theta}{\sqrt{16-[1+\cos\theta]^2}}\sin\theta\dot\theta, 0)$$

quindi

$$\omega_2 = \frac{v_A}{\overline{AO_2}} = \frac{\dot{x} + r\cos\theta\dot\theta - r\frac{1+\cos\theta}{\sqrt{16-[1+\cos\theta]^2}}\sin\theta\dot\theta}{r\sqrt{16-[1+\cos\theta]^2} - x - r\sin\theta}$$

Si ha

$$T_2 = \frac{1}{2}\{\frac{1}{12}m(4r)^2 + m\overline{O_2G_2}^2\}\omega_2^2$$

L'espressione di $\overline{O_2G_2}^2$ può essere calcolata dalle precedenti coordinate ma è troppo lunga e non la riportiamo. Si intende che in tutte le formule sopra $\theta = x/r$ e $\dot\theta = \dot{x}/r$.

8. Esercizi d'esame: 2022–2023

8.1 Esame 1: novembre-dicembre 2022

Esercizio 1: (primo compitino) 26 novembre 2022

L'esercizio è in realtà due esercizi in uno. Il problema si svolge su un piano verticale e c'è gravità. Abbiamo un anello (corpo 1) incernierato nel punto fisso A (il punto A è un punto materiale fermo dell'anello). Appoggiato all'anello abbiamo un'asta vincolata a traslare (corpo 2), e sopra l'asta abbiamo appoggiato un disco (corpo 5). Dal punto A passa una guida verticale che è anche guida per l'estremità sinistra di una molla che si collega al centro P del disco e che resta sempre orizzontale.

L'anello tocca anche un corpo rigido (corpo 3) vincolato a traslare, su cui è appoggiata un'altro disco (corpo 4), il cui centro F è vincolato a muoversi lungo la guida verticale.

Tutti e cinque i corpi hanno massa m. Tutti i cerchi hanno raggio r. Tutte le molle hanno costante elastica k. C'è rotolamento puro in tutti i contatti (ovvero B,C,D,E). Ci viene detto che quando $\theta = 0$ si ha $\overline{AF} = 4r$ (questo serve per trovare $\overline{AF}(\theta)$).

(a) Trovare ω_1, ω_4, ω_5.

(b) Trovare tutte e cinque le T.

(c) Trovare tutte le V.

(d) Eliminiamo 3 e 4 (e la relativa molla). Sia $x = 0$ ovvero eliminiamo una coordinata lagrangiana e vincoliamo P a stare sulla guida. Per $\theta = 60°$ determinare la relazione tra il momento M applicato su 1 e la forza F applicata su P affinché si abbia equilibrio (non dimenticarsi la gravità).

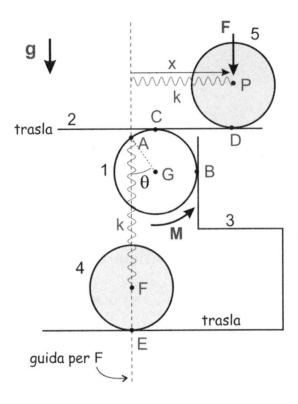

Le coordinate generalizzate sono x e θ, ma ci sono due percorsi logici $1 \to 2 \to 5$ e $1 \to 3 \to 4$. Per il secondo serve solo θ.

Esercizio 2: (secondo compitino) 15 dicembre 2022

Sono date quattro aste, ciascuna di massa m. Due di lunghezza $2l$ disposte a croce e altre due di lunghezza $\sqrt{2}l$ disposte come in figura.

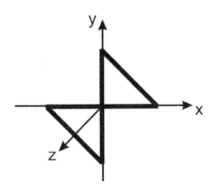

8.1. ESAME 1: NOVEMBRE-DICEMBRE 2022

(a) Calcolare la matrice d'inerzia.

(b) Discutere simmetrie, momenti e assi principali d'inerzia.

Esercizio 3: (secondo compitino) 15 dicembre 2022

Calcolare la matrice d'inerzia di una piastra rettangolare omogenea di massa m disposta come in figura, dove il lato del cubo di riferimento è l.

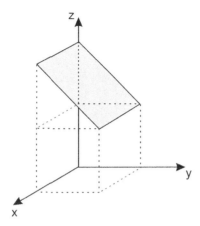

Esercizio 4: (secondo compitino) 15 dicembre 2022

Calcolare la matrice d'inerzia di una superficie conica di massa m, altezza h e raggio di base R (la base del cono non ha massa).

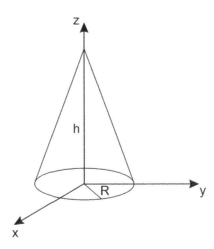

Soluzione esercizio 1

$$V_1 = -mgr\cos\theta$$

$$V_2 = mg(r - r\cos\theta) = -mgr\cos\theta + cost$$

$$V_5 = mg(2r - r\cos\theta) = -mgr\cos\theta + cost$$

$$V_{mollainalto} = \frac{1}{2}kx^2$$

Chiaramente (positiva in senso antiorario)

$$\omega_1 = \dot\theta$$

e

$$T_1 = \frac{1}{2}(mr^2 + mr^2)\dot\theta^2 = mr^2\dot\theta^2.$$

Per Carnot

$$\overline{AC} = \sqrt{2r^2 - 2r^2\cos\theta} = 2r\sin(\theta/2)$$

$$v_C^2 = (\dot\theta\overline{AC})^2 = r^2\dot\theta^2 2(1 - \cos\theta)$$

$$T_2 = \frac{1}{2}mv_C^2 = mr^2\dot\theta^2(1 - \cos\theta) = 2mr^2\dot\theta^2\sin^2(\theta/2)$$

Sia y una ordinata diretta verso l'alto con lo zero in A. L'angolo tra AC e l'orizzontale è $\theta/2$ quindi

$$v_{Cy} = \dot\theta[2r\sin(\theta/2)]\cos(\theta/2) = r\dot\theta\sin\theta$$

$$v_{Cx} = -\dot\theta[2r\sin(\theta/2)]\sin(\theta/2) = -r\dot\theta(1 - \cos\theta)$$

La velocità angolare del corpo 5 è (positiva in senso antiorario)

$$\omega_5 = -(\dot\theta(1 - \cos\theta) + \dot x/r)$$

L'energia cinetica T_5 la calcoliamo dopo.

Veniamo al percorso $1 \to 3 \to 4$. Sia α l'angolo GBA allora

$$\alpha = \frac{1}{2}(\frac{\pi}{2} - \theta)$$

$$\overline{AB} = 2r\cos\alpha$$

Ricordiamo $\cos(2\alpha) = 2\cos^2\alpha - 1$ e $\cos(2\alpha) = 1 - 2\sin^2\alpha$

$$v_B^2 = (\dot\theta\overline{AB})^2 = 4r^2\dot\theta^2\cos^2\alpha = 2r^2\dot\theta^2(1 + \sin\theta).$$

$$T_3 = \frac{1}{2}mv_B^2 = mr^2\dot\theta^2(1 + \sin\theta)$$

Ma

$$v_{By} = \dot\theta(2r\cos\alpha)\cos\alpha = 2r\dot\theta\cos^2\alpha = r\dot\theta(1 + \sin\theta)$$

8.1. ESAME 1: NOVEMBRE-DICEMBRE 2022

quindi integrando, poiché le velocità dei punti materiali B, G_3 e F sono uguali,

$$y_F = \int r\dot\theta(1 + \sin\theta)\mathrm{d}t = r(\theta - \cos\theta) + cost$$

dove la costante cambia passando a G_3, ma è irrilevante nel calcolo dell'energia potenziale. Per $\theta = 0$ deve essere $y_F = -4r$ quindi

$$y_F = r(\theta - \cos\theta) - 3r$$

mentre $y_{G_3} = y_F + cost$, quindi

$$V_{mollasotto} = \frac{1}{2}k[r(\theta - \cos\theta) - 3r]^2$$

$$V_3 = mgy_{G_3} = mgr(\theta - \cos\theta) + cost$$

$$V_4 = mgy_F = mgr(\theta - \cos\theta) + cost$$

Il centro istantaneo di rotazione O_4 si trova osservando che $\boldsymbol{v}_E = \boldsymbol{v}_B$ per la traslazione di 3,

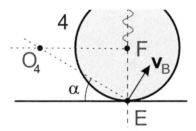

$$\overline{O_4 F} = r/\tan\alpha = r\frac{1+\sin\theta}{\cos\theta}$$

dove si è usata la formula $\tan(\beta/2) = \frac{\sin\beta}{1+\cos\beta}$ che implica $\tan\alpha = \frac{\cos\theta}{1+\sin\theta}$.

Conosciamo la velocità di F, infatti è uguale a $v_{By} = r\dot\theta(1 + \sin\theta)$ quindi[1]

$$\omega_4 = \frac{v_F}{O_4 F} = \dot\theta\cos\theta$$

$$T_4 = \frac{1}{2}[\frac{1}{2}mr^2 + m(r/\tan\alpha)^2](\dot\theta\cos\theta)^2$$
$$= \frac{1}{2}mr^2[\frac{1}{2} + (\frac{1+\sin\theta}{\cos\theta})^2](\dot\theta\cos\theta)^2$$
$$= \frac{1}{4}mr^2[\cos^2\theta + 2(1+\sin\theta)^2]\dot\theta^2$$
$$= \frac{1}{4}mr^2[3 + 4\sin\theta + \sin^2\theta]\dot\theta^2$$

---

[1] Come alternativa, è possibile osservare che $v_{Bx} = \dot\theta(2r\cos\alpha)\sin\alpha = \dot\theta r\sin(2\alpha) = \dot\theta r\cos\theta$, quindi mettendosi nel riferimento del centro di massa di 4, questa è anche la velocità di E da cui si deduce che $\omega_4 = \dot\theta\cos\theta$.

Arriviamo al punto (d). Con il teorema di Chasles troviamo O_5. Per trovare $\overline{PO_5}$ potremmo usare un po' di trigonometria, oppure notare che $v_P = v_{Cy}$ da cui vediamo che
$$\overline{PO_5} = \frac{v_P}{\omega_5} = r\frac{\sin\theta}{1-\cos\theta}$$

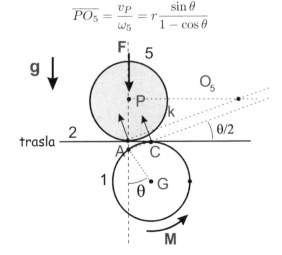

quindi
$$T_5 = \frac{1}{2}\{\frac{1}{2}mr^2 + m[r\frac{\sin\theta}{1-\cos\theta}]^2\}(\dot\theta(1-\cos\theta) + \dot x/r)^2$$

Per il principio dei lavori virtuali la potenza delle forze attive si deve annullare
$$M\dot\theta - mgv_{Gy} - mgv_{Cy} - mgv_{Py} - Fv_{Py} = 0$$

con $v_{Py} = v_{Cy} = v_{Gy} = r\dot\theta\sin\theta$
$$M\dot\theta - (3mg + F)r\dot\theta\sin\theta = 0$$

e usando $\theta = 60°$
$$M = (3mg + F)r\sin\theta = \frac{\sqrt{3}}{2}(3mg + F)r.$$

Soluzione esercizio 2 (primo del secondo compitino)

$$I = \frac{ml^2}{3}\begin{pmatrix} 3 & -1 & 0 \\ -1 & 3 & 0 \\ 0 & 0 & 6 \end{pmatrix}$$

Gli autovettori sono
$$v_1 = \begin{pmatrix} 1 \\ 1 \\ 0 \end{pmatrix}, \qquad v_2 = \begin{pmatrix} -1 \\ 1 \\ 0 \end{pmatrix}, \qquad v_3 = \begin{pmatrix} 0 \\ 0 \\ 1 \end{pmatrix},$$

e i momenti principali d'inerzia sono
$$I_1 = \frac{2}{3}ml^2, \qquad I_2 = \frac{4}{3}ml^2, \qquad I_3 = 2ml^2.$$

Soluzione esercizio 3 (secondo del secondo compitino)

$$I = \frac{ml^2}{12}\begin{pmatrix} 32 & -3 & -9 \\ -3 & 32 & -8 \\ -9 & -8 & 8 \end{pmatrix}$$

Soluzione esercizio 4 (terzo del secondo compitino)

Il risultato $I_z = \frac{1}{2}mR^2$ si ottiene per compressione, mentre $I_{xy} = I_{yz} = I_{xz} = 0$ segue dalle simmetrie. Per simmetria si ha anche $I_x = I_y$ quindi dobbiamo solo calcolare (r, θ, z sono coordinate cilindriche, sicché $y = r\sin\theta$)

$$I_x = \int (r^2 \sin^2\theta + z^2)\mathrm{d}m$$

Ma la massa che sta sopra un elemento di area $\mathrm{d}A = r\mathrm{d}r\mathrm{d}\theta$ è per una proporzione $\mathrm{d}m = \frac{m}{\pi R^2}\mathrm{d}A = \frac{m}{\pi R^2}r\mathrm{d}r\mathrm{d}\theta$ quindi

$$I_x = \int (r^2\sin^2\theta + z^2)\frac{m}{\pi R^2}r\mathrm{d}r\mathrm{d}\theta = \frac{m}{R^2}\int_0^R (r^2 + 2z^2)r\mathrm{d}r$$

dove si è svolto subito l'integrale in θ. Ora notiamo che $z = h(1 - \frac{r}{R})$ e svolgendo l'integrale arriviamo a

$$I_x = I_y = \frac{m}{2}\left(\frac{R^2}{2} + \frac{h^2}{3}\right).$$

8.2 Esame 2: 27 gennaio 2023

Esercizio 1

Il problema si svolge su un piano verticale e c'è gravità. Abbiamo due dischi omogenei e tre aste come in figura. L'asta 0 è fissa, l'asta 1 è incernierata in O che è fisso. Il disco 2 è libero di ruotare rispetto all'asta 1. L'asta 4 è appoggiata su 2 e vincolata a restare orizzontale e quindi a traslare. Il disco 3 è appoggiato su 4 e tocca 0. Nei punti D, E, C abbiamo rotolamento puro. Il corpo 2 è trasparente a 0.

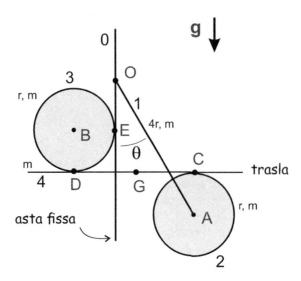

Tutti i corpi hanno massa m tranne l'asta 0 (è ferma quindi la massa è irrilevante). Tutti i dischi hanno raggio r. La coordinata generalizzata è θ.

(a) Trovare V_1, V_2, V_3, V_4.

(b) Trovare ω_2, ω_3.

(c) Trovare T_1, T_2, T_3, T_4.

(d) Determinare il punto stazionario e trovare il periodo delle piccole oscillazioni.

Esercizio 2

Sono dati due corpi, un semicerchio e un'asta, di massa m ciascuno, disposti come in figura. I due cubi di lato l sono solo per riferimento.

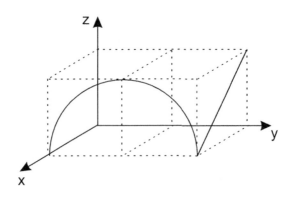

Determinare la matrice d'inerzia I_1 del semicerchio e la matrice d'inerzia I_2 dell'asta.

Soluzione esercizio 1

Chiaramente $\omega_1 = \dot\theta$ e
$$T_1 = \frac{1}{2}[\frac{1}{3}m(4r)]\dot\theta^2 = \frac{8}{3}mr^2\dot\theta^2.$$

Introduciamo coordinate cartesiane x, y centrate in O. La quota di A è $-4r\cos\theta$, e quella di C e B differiscono da questa per una costante, quindi a meno di costanti le energie potenziali sono

$$V_1 = -mg2r\cos\theta, \tag{8.1}$$
$$V_2 = -mg4r\cos\theta, \tag{8.2}$$
$$V_3 = V_2 + cost, \qquad V_4 = V_2 + cost \tag{8.3}$$

quindi
$$V = -14mgr\cos\theta + cost.$$

Il punto B ha quota $-4r\cos\theta + 2r$ quindi la sua velocità è
$$\boldsymbol{v}_B = 4r\sin\theta\,\dot\theta\mathbf{j}$$

Poiché E è il centro istantaneo di rotazione di 3
$$\omega_3 = v_B/r = 4\sin\theta\,\dot\theta$$

positiva in senso orario. Segue
$$T_3 = \frac{1}{2}I_E\omega_3^2 = \frac{1}{2}(\frac{3}{2}mr^2)(4\sin\theta\dot\theta)^2 = 12mr^2\sin^2\theta\,\dot\theta^2$$

Inoltre, poiché E è il centro istantaneo di rotazione di 3
$$v_D = \omega_3\overline{ED} = \omega_3\sqrt{2}r = 4\sqrt{2}r\sin\theta\dot\theta$$

e quindi, poiché 4 trasla,
$$T_4 = \frac{1}{2}mv_D^2 = 16mr^2\sin^2\theta\,\dot\theta^2$$

Per determinare ω_2 mettiamoci nel riferimento di 4 e vediamo che 2 ha velocità $\boldsymbol{v}_A - \boldsymbol{v}_D$ di cui sappiamo che la componente verticale deve annullarsi (altrimenti 4 e 2 si distaccano) mentre quella orizzontale vale

$$(v_A)_x - (v_D)_x = 4r\dot\theta\cos\theta + 4\sqrt{2}r\sin\theta\dot\theta\frac{1}{\sqrt{2}} = 4r\dot\theta[\cos\theta + \sin\theta]$$

per cui
$$\omega_2 = -4\dot\theta(\cos\theta + \sin\theta)$$
positiva in senso orario. Ne segue
$$\begin{aligned}T_2 &= \frac{1}{2}mv_A^2 + \frac{1}{2}(\frac{1}{2}mr^2)\omega_2^2 = \frac{1}{2}m\{(4r\dot\theta)^2 + 8r^2[\dot\theta(\cos\theta + \sin\theta)]^2\}\\&= 4mr^2\dot\theta^2\{2 + (\cos\theta + \sin\theta)^2\}\\&= 4mr^2\dot\theta^2\{3 + \sin(2\theta)\}\end{aligned}$$

L'energia cinetica totale è
$$\begin{aligned}T &= mr^2\dot\theta^2\{\frac{8}{3} + 12 + 4\sin(2\theta) + 28\sin^2\theta\}\\&= mr^2\dot\theta^2\{\frac{44}{3} + 4\sin(2\theta) + 28\sin^2\theta\}\end{aligned}$$

Troviamo i punti stazionari. Da
$$\frac{\partial V}{\partial \theta} = 14mgr\sin\theta$$
vediamo che corrispondono a $\theta_1 = 0, \pi$. Poiché
$$\frac{\partial^2 V}{\partial \theta^2} = 14mgr\cos\theta$$
solo il primo è stabile e $b = 14mgr$. Dall'espressione per T troviamo $a = \frac{88}{3}mr^2$ quindi
$$\tau = 2\pi\sqrt{\frac{a}{b}} = 2\pi\sqrt{\frac{44}{21}\frac{r}{g}}$$

Soluzione esercizio 2

Il corpo 1 si tratta introducendo una coordinata angolare, esprimendo le coordinate con essa e integrando.
$$\begin{aligned}x &= l,\\y &= l - l\cos\theta,\\z &= l\sin\theta\end{aligned}$$
$$\mathrm{d}m = \frac{m}{\pi}\mathrm{d}\theta$$
$$I_x = \int \mathrm{d}m(y^2 + z^2) = \frac{m}{\pi}\int_0^\pi \mathrm{d}\theta\, 2l^2(1 - \cos\theta) = \frac{2ml^2}{\pi}\pi = 2ml^2$$

$$I_y = \int dm(x^2+z^2) = \frac{m}{\pi}\int_0^\pi d\theta\, l^2(1+\sin^2\theta) = \frac{ml^2}{\pi}\frac{3}{2}\pi = \frac{3}{2}ml^2$$

$$I_z = \int dm(x^2+y^2) = \frac{m}{\pi}l^2\int_0^\pi d\theta[2-2\cos\theta+\cos^2\theta] = \frac{m}{\pi}l^2\pi\frac{5}{2} = \frac{5}{2}ml^2$$

$$I_{xy} = -\int dm\,xy = -\frac{m}{\pi}l^2\int_0^\pi d\theta(1-\cos\theta) = -ml^2$$

$$I_{yz} = -\int dm\,yz = -\frac{m}{\pi}l^2\int_0^\pi d\theta(1-\cos\theta)\sin\theta = -\frac{2ml^2}{\pi}$$

$$I_{xz} = -\int dm\,xz = -\frac{m}{\pi}l^2\int_0^\pi d\theta\sin\theta = -\frac{2ml^2}{\pi}$$

$$I_1 = ml^2\begin{pmatrix} 2 & -1 & -\frac{2}{\pi} \\ -1 & \frac{3}{2} & -\frac{2}{\pi} \\ -\frac{2}{\pi} & -\frac{2}{\pi} & \frac{5}{2} \end{pmatrix}$$

Per il corpo 2 si ottiene, principalmente usando il metodo della compressione e il teorema di Huygens-Steiner (serve fare un integrale solo per I_{xz})

$$I_2 = \frac{1}{6}ml^2\begin{pmatrix} 26 & -6 & -1 \\ -6 & 4 & -6 \\ -1 & -6 & 26 \end{pmatrix}$$

8.3 Esame 3: 21 febbraio 2023

Esercizio 1

Il problema si svolge su un piano verticale e c'è gravità. Abbiamo una guida di massa m e lunghezza $6r$ che ai fini dell'inerzia può essere considerata come un'asta, e due dischi di raggio r e $2r$, entrambi di massa m. La guida è incernierata nel punto fisso A. I centri B e C dei dischi possono scorrere sulla guida ma la molla di estremità A e C ha costante elastica k sufficientemente grande da mantenere i due dischi a contatto. Il disco piccolo è vincolato a mantenere il contatto con il soffitto. Nei punti di contatto P e Q c'è rotolamento puro. Vale la formula

$$kr = 4mg.$$

Sia 1 la guida, 2 il disco piccolo, 3 il disco grande.

La coordinata generalizzata è θ.

(a) Trovare T_1, T_2, T_{3G} e T_3.

(b) Trovare ω_2 e ω_3.

(c) Trovare V_1, V_2, V_3, V_{molla} (nelle espressioni eliminare g in favore di k).

(d) Determinare il punto stazionario e trovare il periodo delle piccole oscillazioni.

(e) Quale momento meccanico $\mathbf{M}$ dobbiamo applicare al disco piccolo per avere equilibrio con $\theta = 45°$?

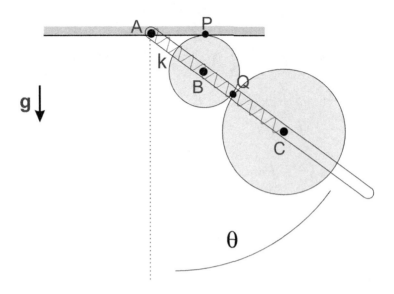

Esercizio 2

Sono dati due tronchi di parabola omogenea disposti come in figura. I corpi hanno ciascuno massa m. Il cubo di lato l è solo per riferimento. Il corpo 1 sta sul piano yz, quello 2 sta sul piano xy.

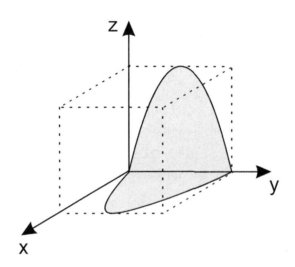

(a) Determinare l'equazione della parabola sul piano yz.

(b) Determinare le matrici d'inerzia I^1, I^2 e somma.

(c) Discutere le simmetrie e gli assi principali d'inerzia.

Soluzione esercizio 1

Cominciamo con il calcolarci le energie potenziali. Da

$$\overline{AB} = r/\cos\theta$$

$$\overline{AP} = r\tan\theta$$

$$\overline{AC} = \overline{AB} + 3r = \frac{r}{\cos\theta} + 3r$$

otteniamo

$$V_1 = -3rmg\cos\theta = -\frac{3}{4}kr^2\cos\theta,$$

$$V_2 = -mgr = -\frac{1}{4}kr^2 = cost,$$

$$V_3 = -\overline{AC}mg\cos\theta = -\frac{1}{4}kr^2(1+3\cos\theta),$$

$$V_{molla} = \frac{1}{2}k\overline{AC}^2 = \frac{1}{2}kr^2[\frac{1}{\cos\theta}+3]^2 = \frac{1}{2}kr^2[\frac{1}{\cos^2\theta}+\frac{6}{\cos\theta}+9]$$

quindi in totale

$$V = \frac{1}{2}kr^2[-3\cos\theta + \frac{1}{\cos^2\theta} + \frac{6}{\cos\theta}] + cost$$

Da

$$\frac{\partial V}{\partial\theta} = \frac{1}{2}kr^2[3 + \frac{2}{\cos^3\theta} + \frac{6}{\cos^2\theta}]\sin\theta$$

essendo il termine tra parentesi quadre positivo per $\theta \in (-\pi, \pi)$, troviamo che l'unico punto stazionario è $\theta = 0$. Vediamo anche che

$$b = \frac{\partial^2 V}{\partial\theta^2}|_{\theta=0} = \frac{1}{2}kr^2[3+2+6] = \frac{11}{2}kr^2.$$

Il corpo 2 rotola sul soffitto, dunque passando dalla velocità del suo centro e usando il fatto che P è il centro istantaneo di rotazione, $\boldsymbol{\omega}_2 = \omega_2\mathbf{k}$ con .

$$\omega_2 = \frac{\dot{\overline{AP}}}{r} = \frac{1}{\cos^2\theta}\dot\theta$$

e $\mathbf{k}$ versore uscente dal piano. Abbiamo

$$T_1 = \frac{1}{2}[\frac{1}{3}m(6r)^2]\dot\theta^2, = 6mr^2\dot\theta^2$$

$$T_2 = \frac{1}{2}[\frac{1}{2}mr^2 + mr^2]\omega_2^2 = \frac{3}{4}mr^2\frac{1}{\cos^4\theta}\dot\theta^2.$$

Per il corpo 3 scriviamoci in dettaglio, usando un riferimento cartesiano centrato in A,
$$C = (r\tan\theta + 3r\sin\theta, -r - 3r\cos\theta)$$
da cui
$$\dot C = (r\frac{1}{\cos^2\theta} + 3r\cos\theta, 3r\sin\theta)\dot\theta$$
$$T_{3G} = \frac{1}{2}m\dot C^2 = \frac{1}{2}mr^2\dot\theta^2\{9\sin^2\theta + [\frac{1}{\cos^2\theta} + 3\cos\theta]^2\} = \frac{1}{2}mr^2\dot\theta^2\{9 + \frac{6}{\cos\theta} + \frac{1}{\cos^4\theta}\}$$
Si noti che le velocità dei punti materiali in Q, B, C in generale non sono né allineate all'asta né ortogonali a essa.

Per trovare ω_3 il modo più rapido sembra essere il seguente (ma si può anche procedere scrivendo la condizione di rotolamento puro in Q in modo vettoriale). Ci si metta in un riferimento K_4 centrato in Q (o anche B o C) con un'asse orientato come l'asta e l'altro ortogonale a essa. Evidentemente $\boldsymbol{\omega}_{04} = \dot\theta\mathbf{k}$. Nel riferimento K_4 il corpo 2 ruota con velocità angolare
$$(\omega_2 - \dot\theta)\mathbf{k}$$
mentre il corpo 3 ruota con velocità angolare
$$(\omega_3 - \dot\theta)\mathbf{k}$$
dunque poiché in tale riferimento i centri B e C sono fermi, la condizione di rotolamento in C si scrive
$$(\omega_2 - \dot\theta)r = -(\omega_3 - \dot\theta)2r$$
da cui
$$\omega_3 = \frac{3}{2}\dot\theta - \frac{1}{2}\omega_2 = \frac{3}{2}\dot\theta - \frac{1}{2\cos^2\theta}\dot\theta$$
e
$$T_3 = \frac{1}{2}mr^2\dot\theta^2\{9 + \frac{6}{\cos\theta} + \frac{1}{\cos^4\theta}\} + \frac{1}{2}(\frac{1}{2}m(2r)^2)(\frac{\dot\theta}{2})^2(3 - \frac{1}{\cos^2\theta})^2$$
$$= \frac{1}{2}mr^2\dot\theta^2\{\frac{27}{2} + \frac{6}{\cos\theta} - \frac{3}{\cos^2\theta} + \frac{3}{2\cos^4\theta}\}$$
Infine
$$T = \frac{1}{2}mr^2\dot\theta^2\{\frac{39}{2} + \frac{6}{\cos\theta} - \frac{3}{\cos^2\theta} + \frac{3}{\cos^4\theta}\}$$
perciò
$$a = \frac{\partial^2 T}{\partial\dot\theta^2}|_{\theta=0} = mr^2\{\frac{39}{2} + 6 - 3 + 3\} = \frac{51}{2}mr^2$$
Il periodo delle piccole oscillazioni è
$$\tau = 2\pi\sqrt{\frac{a}{b}} = 2\pi\sqrt{\frac{51}{11}\frac{m}{k}}.$$

Per l'ultima domanda, sia $\mathbf{M} = M\mathbf{k}$. Il principio dei lavori virtuali si scrive

$$M\omega_2 dt - dV = 0$$

dove, poiché le forze attive sono tutte conservative, il loro lavoro risulta uguale alla perdita di energia potenziale. Sostituendo

$$M \frac{1}{\cos^2\theta}\dot\theta dt - \frac{1}{2}kr^2[3 + \frac{2}{\cos^3\theta} + \frac{6}{\cos^2\theta}]\sin\theta d\theta = 0$$

Semplificando $d\theta$ e usando il valore di θ all'equilibrio

$$M = \frac{1}{2}kr^2[3\cos^2\theta + \frac{2}{\cos\theta} + 6]\sin\theta|_{\theta=45°} = \frac{1}{2}kr^2[\frac{15}{2} + 2\sqrt{2}]\frac{1}{\sqrt{2}}$$

Soluzione esercizio 2

L'equazione della parabola è

$$z = \frac{4}{l}y(l-y)$$

quindi l'area si scrive

$$A = \int_0^l dy \int_0^{\frac{4}{l}y(l-y)} dz = \int_0^l dy \frac{4}{l}y(l-y) = \frac{4}{l}(\frac{l^3}{2} - \frac{l^3}{3}) = \frac{2}{3}l^2$$

dunque la densità vale $\rho = \frac{3}{2}\frac{m}{l^2}$. Poiché il corpo 1 è un sistema piano $I^1_{xz} = I^1_{xy} = 0$, $I^1_x = I^1_y + I^1_z$. Resta da calcolare usando $dm = \rho dy dz$,

$$I^1_{yz} = -\rho \int_0^l dy \int_0^{\frac{4}{l}y(l-y)} yz\,dz = -\rho \int_0^l dy\, y \frac{1}{2}[\frac{4}{l}y(l-y)]^2$$

$$= -12\frac{m}{l^4}\int_0^l dy\, y^3[l^2 - 2ly + y^2] = -12ml^2[\frac{1}{4} - \frac{2}{5} + \frac{1}{6}] = -\frac{1}{5}ml^2$$

$$I^1_z = \rho \int_0^l dy \int_0^{\frac{4}{l}y(l-y)} y^2\,dz = -\rho \int_0^l dy\, y^2[\frac{4}{l}y(l-y)]$$

$$= 6\frac{m}{l^3}\int_0^l dy\, y^3(l-y) = 6ml^2[\frac{1}{4} - \frac{1}{5}] = \frac{3}{10}ml^2$$

$$I^1_y = \rho \int_0^l dy \int_0^{\frac{4}{l}y(l-y)} z^2\,dz = -\rho \int_0^l dy\, \frac{1}{3}[\frac{4}{l}y(l-y)]^3$$

$$= 32\frac{m}{l^5}\int_0^l dy\, y^3(l^3 - y^3 + 3ly^2 - 3l^2 y) = 32ml^2[\frac{1}{4} - \frac{1}{7} + \frac{1}{2} - \frac{3}{5}]$$

$$= \frac{32}{140}ml^2(35 - 20 + 70 - 84) = \frac{8}{35}ml^2$$

$$I^1 = \frac{1}{70}ml^2 \begin{pmatrix} 37 & 0 & 0 \\ 0 & 16 & -14 \\ 0 & -14 & 21 \end{pmatrix}, \quad I^2 = \frac{1}{70}ml^2 \begin{pmatrix} 21 & -14 & 0 \\ -14 & 16 & 0 \\ 0 & 0 & 37 \end{pmatrix},$$

quindi
$$I = \frac{1}{70}ml^2 \begin{pmatrix} 58 & -14 & 0 \\ -14 & 32 & -14 \\ 0 & -14 & 58 \end{pmatrix}$$

Il piano $x = z$ è di simmetria e quindi $\mathbf{i} - \mathbf{k}$ è un autovettore. Usando la matrice si vede facilmente che l'autovalore è $\frac{29}{35}ml^2$.

8.4 Esame 4: 4 aprile 2023

Esercizio 1

Il problema si svolge su un piano verticale e c'è gravità. Abbiamo un carretto composto da due dischi, ciascuno di massa m e raggio r, collegati da un'asta orizzontale di lunghezza $3r$ e massa trascurabile. Il carretto è appoggiato su un piano orizzontale fermo e la sua posizione orizzontale è individuata dall'ascissa x del suo centro di massa. Tra le ruote del carretto e il piano c'è rotolamento puro. Sopra il carretto è appoggiato un cerchio di raggio $4r$ e massa m. Tra le ruote del carretto e il cerchio c'è rotolamento puro. Dentro il cerchio è appoggiato un disco, uguale ai precedenti, il cui centro è collegato con una molla di costante elastica k al punto fisso E. La distanza OE è $6r$. La posizione del disco è individuata dall'angolo θ. Vale la formula

$$kr = mg.$$

Sia 1 il carretto, 2 il cerchio, 3 il disco in basso.

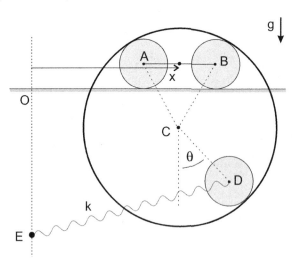

Le coordinate generalizzate sono x, θ.

(a) Trovare T_1, T_2 e T_3.

8.4. ESAME 4: 4 APRILE 2023

(b) Trovare ω_1 (di una qualunque delle ruote del carretto), ω_2 e ω_3.

(c) Trovare V_1, V_2, V_3, V_{molla} (nelle espressioni eliminare g in favore di k).

(d) Determinare il punto stazionario e impostare lo studio delle piccole oscillazioni.

Esercizio 2

È dato un semicerchio orizzontale (corpo 1) di massa m e due aste (insieme formano il corpo 2) disposte come in figura. Ciascuna delle aste ha massa m. Il lato del quadrato di riferimento è r.

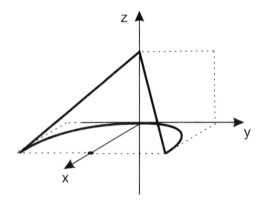

(a) Determinare le matrici d'inerzia I^1 e I^2.

(c) Discutere le simmetrie e gli assi principali d'inerzia dei due corpi (1 e 2) separatamente.

Soluzione esercizio 1

Si ha $\omega_1 = \dot{x}/r$ quindi

$$T_1 = 2\frac{1}{2}[\frac{1}{2}mr^2 + mr^2](\frac{\dot{x}}{r})^2 = \frac{3}{2}m\dot{x}^2$$

Il triangolo ABC è equilatero. Dal riferimento del centro di massa del corpo 2 vediamo che la condizione di rotolammento puro nel contatto tra 1 e 2 si scrive (velocità angolari positive in senso orario)

$$\omega_2 4r = \omega_1 r \quad \Rightarrow \quad \omega_2 = \frac{\dot{x}}{4r}$$

La condizione di rotolamento puro tra 1 e 3 si scrive invece

$$-3r\dot{\theta} + \omega_3 r = \omega_2 4r$$

da cui
$$\omega_3 = 4\omega_2 + 3\dot\theta \quad \Rightarrow \quad \omega_3 = \frac{\dot x}{r} + 3\dot\theta.$$

Da qui usando König
$$T_2 = \frac{1}{2}m\dot x^2 + \frac{1}{2}[m(4r)^2](\frac{\dot x}{4r})^2 = m\dot x^2$$

Per il corpo 3 ci serve la posizione del suo centro di massa. Determiniamola con coordinate cartesiane centrate in O
$$D = (x + 3r\sin\theta, r - \frac{3r}{2}\sqrt 3 - 3r\cos\theta)$$
$$\dot D = (\dot x + 3r\cos\theta\dot\theta, 3r\sin\theta\dot\theta)$$
$$\dot D^2 = \dot x^2 + 6r\dot x\dot\theta\cos\theta + 9r^2\dot\theta^2$$

$$T_3 = \frac{1}{2}m\{\dot x^2 + 6r\dot x\dot\theta\cos\theta + 9r^2\dot\theta^2\} + \frac{1}{2}(\frac{1}{2}mr^2)(\frac{\dot x}{r} + 3\dot\theta)^2$$
$$= \frac{1}{2}m\{\frac{3}{2}\dot x^2 + 3r\dot x\dot\theta(2\cos\theta + 1) + \frac{27}{2}r^2\dot\theta^2\}$$

da cui
$$T = T_1 + T_2 + T_3 = \frac{1}{2}m\{\frac{13}{2}\dot x^2 + 3r\dot x\dot\theta(2\cos\theta + 1) + \frac{27}{2}r^2\dot\theta^2\}$$

Le energie potenziali V_1 e V_2 sono costanti quindi ci interessano solo
$$V_3 = -3rmg\cos\theta + cost = -3kr^2\cos\theta + cost$$
$$V_{molla} = \frac{1}{2}k\{(x + 3r\sin\theta)^2 + (7r - \frac{3r}{2}\sqrt 3 - 3r\cos\theta)^2\}$$

Da qui
$$\frac{\partial V}{\partial x} = k(x + 3r\sin\theta),$$
$$\frac{\partial V}{\partial \theta} = 3kr^2\sin\theta + k\{(x + 3r\sin\theta)3r\cos\theta + (7r - \frac{3r}{2}\sqrt 3 - 3r\cos\theta)3r\sin\theta\}$$

L'espressione $7r - \frac{3r}{2}\sqrt 3 - 3r\cos\theta$ non può mai annullarsi quindi ci sono solo due punti stazionari dati da $x = 0, \theta = 0$ e $x = 0, \theta = \pi$.

L'Hessiano dell'energia potenziale sul primo punto stazionario è
$$B = k\begin{pmatrix} 1 & 3r \\ 3r & r^23(8 - \frac{3}{2}\sqrt 3) \end{pmatrix}$$

metre sul secondo punto stazionario è
$$B = k\begin{pmatrix} 1 & -3r \\ -3r & -r^23(4 - \frac{3}{2}\sqrt 3) \end{pmatrix}$$

Quest'ultima non è definita positiva in quanto il coefficiente B_{22} è negativo. Dunque il secondo punto stazionario è instabile.

Nel caso del primo punto stazionario si ha $B_{11} > 0$ e inoltre

$$\det B = 3r^2(5 - \frac{3}{2}\sqrt{3}) > 0,$$

da cui segue che B è definita positiva e l'equilibrio è stabile. L'Hessiano dell'energia cinetica sul punto stabile è

$$A = m \begin{pmatrix} \frac{13}{2} & \frac{9}{2}r \\ \frac{9}{2}r & \frac{27}{2}r^2 \end{pmatrix}$$

Soluzione esercizio 2

Il corpo 1 giace cul piano xy quindi $I_{xz} = I_{yz} = 0$ e $I_z = I_x + I_y$, inoltre xz è di simmetria, quindi l'asse perpedicolare, ovvero y è principale e l'asse di intersezione tra xy e xz è principale, ovvero x. Dunque x, y sono principali e così anche l'asse a loro perpendicolare z. Poichè la terna degli assi cartesiani è principale, la matrice I^1 è diagonale.

$$I_y = \int_0^\pi (r - r\cos\theta)^2 \frac{m}{\pi} d\theta = \frac{3}{2}mr^2$$

Si noti che per il calcolo di I_y possiamo completare il cerchio (raddoppiando il risultato) e poi dividere per due. Ne segue che

$$I_x = \frac{1}{2}mr^2$$

quindi $I_z = 2mr^2$. In conclusione

$$I^1 = mr^2 \begin{pmatrix} \frac{1}{2} & 0 & 0 \\ 0 & \frac{3}{2} & 0 \\ 0 & 0 & 2 \end{pmatrix}$$

Per quanto riguarda il corpo 2, il piano xz è di simmetria quindi y è un'asse principale e dunque $I_{xy} = I_{yz} = 0$.

Nel calcolo di I_z e I_{xy} possiamo comprimere lungo z ottenendo due aste, quindi

$$I_z = 2\frac{1}{3}m(\sqrt{2}r)^2 = \frac{4}{3}mr^2$$

Per ottenere I_x possiamo comprimere lungo x ottenendo due aste di lunghezza $\sqrt{2}r$. Usando Huygens-Steiner

$$I_x = 2\{\frac{1}{12}m(\sqrt{2}r)^2 + m(r/\sqrt{2})^2\} = \frac{4}{3}mr^2$$

Per ottenere I_y arriviamo a una situazione simile

$$I_y = \frac{4}{3}mr^2$$

Con la compressione lungo y troviamo anche I_{xz}

$$I_{xz} = -\int_0^r x(r-x)\frac{2m}{r}\,\mathrm{d}x = -\frac{2m}{r}\left\{\frac{r^3}{2}-\frac{r^3}{3}\right\} = -\frac{1}{3}mr^2$$

Infine

$$I^2 = mr^2\begin{pmatrix} \frac{4}{3} & 0 & -\frac{1}{3} \\ 0 & \frac{4}{3} & 0 \\ -\frac{1}{3} & 0 & \frac{4}{3} \end{pmatrix}$$

Di questo sistema si può osservare che il piano $x = z$ è di simmetria, quindi $(1, 0, -1)$ è un autovettore e più in generale la terna principale è $(1, 0, -1), (0, 1, 0), (1, 0, 1)$, i momenti principali d'inerzia essendo $\frac{5}{3}mr^2$, $\frac{4}{3}mr^2$, mr^2.

8.5 Esame 5: 13 giugno 2023

Esercizio 1

Il problema si svolge su un piano verticale e c'è gravità. Un disco di massa m e raggio r (corpo 1) è vincolato a rotolare su una guida verticale ferma passante da un punto fisso A. Un anello di massa m e raggio r (corpo 2) ha il centro vincolato a scorrere sulla stessa guida restando in contatto con il corpo 1. Un'asta di massa m e lunghezza non specificata (corpo 3) è vincolata a traslare restando a contatto con il corpo 2. Nei punti di contatto D, P, E c'è rotolamento puro. Il punto A e il centro B del corpo 1 sono collegati da una molla di costante elastica k. Si ha la relazione $kr = mg$.

La coordinata generalizzata è $x = \overline{AD}$.

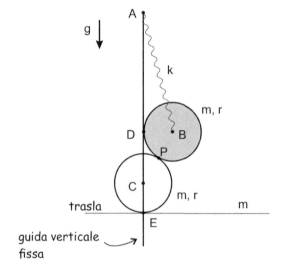

(a) Trovare T_1, T_2 e T_3.

(b) Trovare ω_1, ω_2.

(c) Trovare V_{grav}, V_{molla} (nelle espressioni eliminare g in favore di k).

(d) Determinare il punto stazionario e studiare le piccole oscillazioni.

(e) Rimuoviamo i corpi 2 e 3 e mettiamo il sistema su un piano orizzontale (ovvero togliamo anche la gravità). Supponiamo che l'asta non sia fissa ma ruoti con velocità angolare costante Ω in senso antiorario. Quanto vale T_1?

Esercizio 2

Calcolare la matrice d'inerzia di ciascuna delle tre aste di massa m disegnate in figura. Il cubo di riferimento ha lato l.

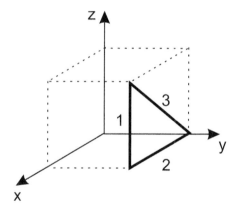

Soluzione esercizio 1

Il centro istantaneo O_1 è dato da $O_1 = D$. Da questa informazione otteniamo la direzione della velocità di P e, usando il teorema di Chasles, il centro istantaneo O_2 che risulta stare sulla retta DP e sulla perpendicolare alla guida in C. Poiché C, P, B sono allineati e P sta nel punto medio, ovvero nel punto medio dell'ipotenusa del triangolo rettangolo CDB, il punto che cerchiamo è l'altro vertice O_2 di un rettangolo $CDBO_2$. Dunque si trova a distanza r dalla guida, all'altezza del suo centro C.

Il punto B ha velocità $\dot{x}$ verso il basso quindi $\boldsymbol{\omega}_1 = -\frac{\dot{x}}{r}\boldsymbol{k}$ con $\boldsymbol{k}$ vettore uscente dal foglio. Il punto C si muove con la stessa velocità di B quindi $\boldsymbol{\omega}_2 = \frac{\dot{x}}{r}\boldsymbol{k}$. Il punto E ha

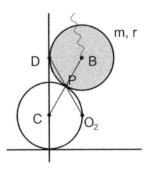

velocità $v_E = \omega_2\sqrt{2}r = \sqrt{2}\dot{x}$. Infine

$$T_1 = \frac{1}{2}(\frac{1}{2}mr^2 + mr^2)\left(\frac{\dot{x}}{r}\right)^2 = \frac{3}{4}m\dot{x}^2,$$

$$T_2 = \frac{1}{2}m\dot{x}^2 + \frac{1}{2}(mr^2)\left(\frac{\dot{x}}{r}\right)^2 = m\dot{x}^2,$$

$$T_3 = \frac{1}{2}m(\sqrt{2}\dot{x})^2 = m\dot{x}^2.$$

Quindi in totale

$$T = \frac{11}{4}m\dot{x}^2.$$

Per quanto riguarda l'energia potenziale

$$V_{grav.} = -3mgx + cost = -3krx + cost.,$$
$$V_{molla} = \frac{1}{2}k(x^2 + r^2).$$

Da qui segue che il punto stazionario è $x = 3r$. Gli Hessiani dell'energia cinetica e dell'energia potenziale non dipendono dal punto stazionario e sono $a = \frac{11}{2}m$, $b = k$. La pulsazione delle piccole oscillazioni è

$$\omega_{osc} = \sqrt{\frac{2k}{11m}}.$$

Il periodo delle piccole oscillazione è $\tau = 2\pi\sqrt{\frac{11m}{2k}}$.

Per quanto riguarda l'ultimo punto, sia K_0 il riferimento inerziale, K_1 il riferimento dell'asta e K_2 quello del disco. Sappiamo che $\boldsymbol{\omega}_{01} = \Omega\boldsymbol{k}$ con l'asse istantaneo passante per A e $\boldsymbol{\omega}_{12} = -\frac{\dot{x}}{r}\boldsymbol{k}$ con l'asse istantaneo passante per D. Per la teoria delle viti, e usando l'analogia tra forze e velocità angolari, il corpo 2 ha centro istantaneo di rotazione rispetto a K_0 posizionato nella retta della guida, secondo la formula delle forze parallele a una distanza da A data da

$$x_{02} = \frac{\omega_{01}0 + \omega_{12}x}{\omega_{01} + \omega_{12}} = \frac{\dot{x}/r}{\dot{x}/r - \Omega}x.$$

Quindi usando Huygens-Steiner, si ha

$$T_2 = \frac{1}{2}\left[\frac{1}{2}mr^2 + m(r^2 + (x-x_{02})^2)\right](\dot{x}/r - \Omega)^2$$
$$= \frac{1}{2}\left[\frac{3}{2}mr^2 + m\left(\frac{\Omega x}{\dot{x}/r - \Omega}\right)^2\right](\dot{x}/r - \Omega)^2$$
$$= \frac{m}{2}\left[\frac{3}{2}(\dot{x} - \Omega r)^2 + \Omega^2 x^2\right].$$

Un altro modo per arrivare alla soluzione, un po' più lungo, consiste nell'usare König determinando la velocità di B mediante la formula $\boldsymbol{v}(B) = \boldsymbol{v}_R(R) + \boldsymbol{v}_{TR}(B)$, notando che la parte di trascinamento è perpendicolare alla congiungente AB.

Soluzione esercizio 2

Anche se non richiesta, diamo la matrice totale $I = I_1 + I_2 + I_3$ da cui lo studente può dedurre se ha commesso degli errori nello svolgimento

$$I = ml^2 \begin{pmatrix} \frac{11}{3} & -2 & -\frac{5}{6} \\ -2 & \frac{7}{3} & -1 \\ -\frac{5}{6} & -1 & \frac{14}{3} \end{pmatrix}.$$

8.6 Esame 6: 5 luglio 2023

Esercizio 1

Il problema si svolge su un piano verticale e c'è gravità.

Un'asta di lunghezza 2r e massa m ha un'estremità (A) vincolata a scorrere su una guida orizzontale. L'altra estremità (B) è collegata con una molla di costante elastica k a un punto fisso C la cui distanza dalla guida è $\overline{CD} = 6r$. Un disco di raggio r e massa m rotola senza scivolare sulla guida e resta sempre a contatto con l'asta (può scivolare sull'asta).

Le coordinate generalizzate sono l'ascissa x e l'angolo θ mostrati in figura. Il corpo 1 è l'asta, mentre il corpo 2 è il disco.

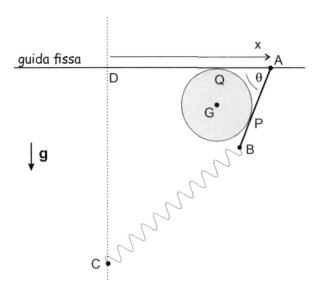

(a) Trovare T_1, ω_2 e T_2.

(b) Trovare V.

(c) Trovare i punti stazionari e discuterne la stabilità.

(d) Come cambia T_2 se il disco rotola sull'asta e scivola sulla guida?

Esercizio 2

Da un quarto di disco di raggio $2r$ viene rimosso mezzo disco di raggio r. Il corpo risultante, mostrato in figura, ha massa m.

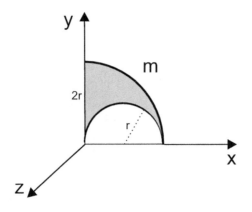

8.6. ESAME 6: 5 LUGLIO 2023

Determinarne la matrice d'inerzia. Nel caso in cui si proceda sottraendo due corpi, si scrivano le matrici d'inerzia dei due corpi separatamente.

Soluzione esercizio 1

Sia E il centro dell'asta. Si ha in coordinate cartesiane

$$E = (x - r\cos\theta, -r\sin\theta),$$

quindi

$$\dot{E} = (\dot{x} + r\sin\theta\dot{\theta}, -r\cos\theta\dot{\theta}),$$

e

$$\dot{E}^2 = \dot{x}^2 + r^2\dot{\theta}^2 + 2r\dot{x}\sin\theta\dot{\theta}.$$

Per il teorema di König

$$T_1 = \frac{1}{2}m(\dot{x}^2 + r^2\dot{\theta}^2 + 2r\dot{x}\sin\theta\dot{\theta}) + \frac{1}{2}(\frac{1}{12}m(2r)^2)\dot{\theta}^2$$
$$= \frac{1}{2}m(\dot{x}^2 + \frac{4}{3}r^2\dot{\theta}^2 + 2r\dot{x}\sin\theta\dot{\theta}).$$

Veniamo al disco. Il suo centro è

$$G = (x - r/\tan(\theta/2), -r),$$

da cui

$$\dot{G} = (\dot{x} + \frac{r}{\tan^2(\theta/2)}\frac{1}{\cos^2(\theta/2)}\frac{\dot{\theta}}{2}, 0)$$
$$= (\dot{x} + \frac{r}{2}\frac{\dot{\theta}}{\sin^2(\theta/2)}, 0),$$

e

$$\boldsymbol{\omega}_2 = \frac{1}{r}\dot{x}_G \boldsymbol{k} = [\frac{\dot{x}}{r} + \frac{1}{2}\frac{\dot{\theta}}{\sin^2(\theta/2)}]\boldsymbol{k},$$

con $\boldsymbol{k}$ vettore uscente dal foglio. Infine

$$T_2 = \frac{1}{2}(\frac{1}{2}mr^2 + mr^2)\left(\frac{\dot{x}}{r} + \frac{1}{2}\frac{\dot{\theta}}{\sin^2(\theta/2)}\right)^2.$$

Abbiamo

$$V_{grav.} = -mgr\sin\theta.$$

Siccome

$$B = (x - 2r\cos\theta, -2r\sin\theta)$$

si ha

$$V_{molla} = \frac{k}{2}[(x - 2r\cos\theta)^2 + (6r - 2r\sin\theta)^2].$$

Le derivate prime dell'energia potenziale sono

$$\frac{\partial V}{\partial x} = k(x - 2r\cos\theta),$$
$$\frac{\partial V}{\partial \theta} = -mgr\cos\theta + k[2r\sin\theta(x - 2r\cos\theta) - 2r\cos\theta(6r - 2r\sin\theta)].$$

Quando $\frac{\partial V}{\partial x} = 0$ si ha la semplificazione $\frac{\partial V}{\partial \theta} = -r\cos\theta\{mg + 2kr(6 - 2\sin\theta)\}$ dove il termine in parentesi graffe non può annullarsi. Quindi l'unica soluzione si ha per $\cos\theta = 0$ che porta ai punti stazionari $(\pm\pi/2, 0)$. L'Hessiano è

$$\begin{pmatrix} k & \pm 2rk \\ \pm 2rk & \pm(mgr + 12kr^2) \end{pmatrix}$$

che è definito positivo solo per il primo punto stazionario (quello con l'opzione di segno 'in alto'). Il primo punto stazionario è stabile mentre il secondo è instabile.

Per il punto (d) possiamo usare il teorema di König, il calcolo di $\dot{G}$ rimanendo invariato

$$T_2 = \frac{1}{2}m\left[\frac{\dot{x}}{r} + \frac{1}{2}\frac{\dot{\theta}}{\sin^2(\theta/2)}\right]^2 + \frac{1}{2}(\frac{1}{2}mr^2)\omega_2^2.$$

Veniamo calcolo di ω_2. Conviene calcolarsi la velocità angolare del disco rispetto al riferimento dell'asta, che risulta essere, sfruttando la condizione di rotolamento puro

$$\boldsymbol{\omega}_{12} = \frac{1}{r}\frac{\mathrm{d}\overline{AP}}{\mathrm{d}t}\boldsymbol{k}.$$

Essendo $\overline{AP} = \overline{QA} = r/\tan(\theta/2)$, si ha

$$\boldsymbol{\omega}_{12} = -\frac{1}{2}\frac{\dot{\theta}}{\sin^2(\theta/2)}\boldsymbol{k}$$

ma essendo $\boldsymbol{\omega}_{01} = \dot{\theta}\boldsymbol{k}$, concludiamo

$$\boldsymbol{\omega}_{02} = \dot{\theta}\left[1 - \frac{1}{2}\frac{1}{\sin^2(\theta/2)}\right]\boldsymbol{k},$$

dove ω_2 è il fattore di fronte a $\boldsymbol{k}$.

Soluzione esercizio 2

Possiamo vedere il corpo come la sottrazione di un quarto di disco (corpo 1) di massa $2m$ e mezzo disco (corpo 2) di massa m (lo studente giustifichi le proporzioni). Il primo ha matrice d'inerzia

$$I^1 = (2m)(2r)^2\begin{pmatrix} \frac{1}{4} & -\frac{1}{2\pi} & 0 \\ -\frac{1}{2\pi} & \frac{1}{4} & 0 \\ 0 & 0 & \frac{1}{2} \end{pmatrix}$$

in quanto

$$I_{xy}^1 = -\int xy\,dm = -\frac{2m}{\pi(2r)^2/4}\int_0^{2r}\rho\,d\rho\int_0^{\pi/2}\rho^2\cos\theta\sin\theta\,d\theta = -\frac{2m}{\pi(2r)^2/4}\frac{(2r)^4}{4}\frac{1}{2}$$

mentre il secondo

$$I^2 = mr^2\begin{pmatrix}\frac{1}{4} & -\frac{4}{3\pi} & 0 \\ -\frac{4}{3\pi} & \frac{5}{4} & 0 \\ 0 & 0 & \frac{3}{2}\end{pmatrix}$$

Il termine centrifugo essendo, per Huygens-Steiner,

$$I_{xy}^2 = -mry_G = -mr\frac{1}{\pi r^2/2}\int_0^r\rho\,d\rho\int_0^\pi d\theta\rho\sin\theta = -m\frac{2}{\pi r}\frac{r^3}{3}2 = -\frac{4}{3\pi}mr^2.$$

In conclusione,

$$I = I^2 - I^2 = mr^2\begin{pmatrix}\frac{7}{4} & -\frac{8}{3\pi} & 0 \\ -\frac{8}{3\pi} & \frac{3}{4} & 0 \\ 0 & 0 & \frac{5}{2}\end{pmatrix}$$

8.7 Esame 7: 12 settembre 2023

Esercizio 1

Questo problema si ispira a un giocattolo che ho visto in Giappone. Per semplicità, nella modellizzazione del problema qui sotto, l'originale aeroplanino di legno è rimpiazzato da un rettangolo. Il funzionamento è il seguente. Dopo aver 'caricato' il giocattolo arrotolando il cordino, questo si srotola cosicché l'aeroplano 'vola' spiraleggiando in senso antiorario intorno alla verticale fino a planare sul piano.

Il problema si svolge in tre dimensioni.

Sono date un'asta di massa m e un rettangolo di massa m e di lati r e $2r$ saldati nel punto mediano di un lato del rettangolo come in figura.

(a) Determinare la matrice d'inerzia rispetto agli assi x, y, z del sistema asta-rettangolo come da figura in basso (il sistema giace sul piano xy). Per facilitare la correzione si scrivano anche separatamente le matrici d'inerzia dei due corpi rigidi.

Adesso supponiamo che l'estremità A dell'asta sia una cerniera tale da mantenere il lato lungo del rettangolo orizzontale (è facile realizzarla ma non ci interessa descrivere qui come). Si veda la figura in alto.

Sulla cerniera poggia anche un cilindro di raggio $r/2$. Il cilindro è fisso. Intorno al cilindro, a un'altezza $6r$, è arrotolato un cordino di massa trascurabile. Un'estremità del cordino è fissata al punto B del rettangolo.

Il cordino resta in tensione a causa del sistema asta-rettangolo che tende a cadere. Sia θ l'angolo tra l'asta AB e la verticale, e sia φ l'angolo tra la proiezione di AB sull'orizzontale e un'ascissa di riferimento.

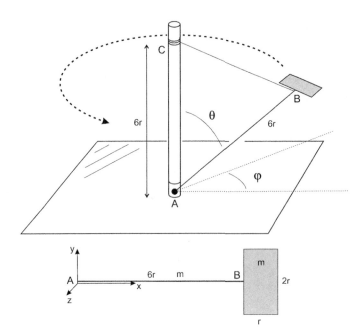

(b) Si determino la lunghezza srotolata del cordino $\overline{CB}(\varphi)$ e $\theta(\varphi)$ sapendo che $\theta(0) = \pi/3$. (Nel calcolo di θ, poiché il cilindro ha raggio piccolo, si può geometricamente trattare CB come passante dall'asse del cilindro anziché tangente a esso.) Quanti giri ha fatto l'aeroplano quando plana sul piano?

Usare φ come coordinata generalizzata.

(c) Scrivere V.

(d) Determinare $\boldsymbol{\omega}$ e T (attenzione!, $\boldsymbol{\omega}$ non è verticale).

Esercizio 2

È dato un disco di massa $4m$ e raggio R posto su un piano orizzontale e libero di ruotare intorno al suo centro O fisso. Sul disco è praticata una scanalatura di dimensioni trascurabili su cui scorrono due punti materiali di massa m. I punti sono vincolati ad avere la stessa distanza dal centro O, ma possono altrimenti scorrere senza attrito. Ciascuno di essi è collegato tramite una molla di costante elastica k al centro O. Sia θ l'angolo di rotazione del disco e r la coordinata radiale dei punti materiali. Usando queste coordinate generalizzate

(a) scrivere T,

(b) dire se e quali quantità conservate sono presenti,

(c) scrivere le equazioni di Lagrange, e commentare su come risolverle,

(d) determinare le soluzioni con $r = c_1 > 0$ e $\dot{\theta} = c_2$, con c_1, c_2 costanti. Che relazioni ci sono tra queste costanti e le quantità conservate?

(e) determinare la frequenza delle piccole oscillazioni di r quando si perturbi di poco la soluzione in (d).

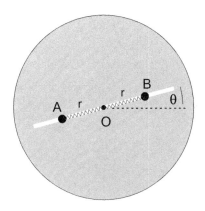

Soluzione esercizio 1

La matrice d'inerzia dell'asta è

$$I_{asta} = mr^2 \begin{pmatrix} 0 & 0 & 0 \\ 0 & 12 & 0 \\ 0 & 0 & 12 \end{pmatrix}$$

La matrice d'inerzia del rettangolo è

$$I_{rett} = mr^2 \begin{pmatrix} \frac{1}{3} & 0 & 0 \\ 0 & \frac{1}{12} + 49 & 0 \\ 0 & 0 & \frac{5}{12} + 49 \end{pmatrix}$$

Quindi quella totale è

$$I = mr^2 \begin{pmatrix} \frac{1}{3} & 0 & 0 \\ 0 & \frac{1}{12} + 61 & 0 \\ 0 & 0 & \frac{5}{12} + 61 \end{pmatrix}$$

L'angolo φ controlla lo srotolamento del cordino

$$\overline{CB}(\varphi) = \frac{r}{2}\varphi + 6r$$

Poiché
$$\overline{CB} = 12r\sin(\theta/2)$$

$$\theta = 2\arcsin(\frac{\overline{CB}}{12r}) = 2\arcsin(\frac{\varphi+12}{24})$$

Alternativamente, potevamo usare Carnot
$$\overline{CB}^2 = 2(6r)^2(1-\cos\theta).$$

L'aeroplano plana sul piano per $\theta_{plana} = \pi/2$ quindi $\arcsin(\frac{\varphi_{plana}+12}{24}) = \pi/4$ che implica $\varphi_{plana} = 24(\frac{1}{\sqrt{2}} - 1/2)$ e il numero di giri è $n = \varphi_{plana}/(2\pi)$.

Ci servirà
$$\dot\theta = \frac{1}{12}\dot\varphi \frac{1}{\sqrt{1-(\frac{\varphi+12}{24})^2}} = \frac{1}{12\cos(\theta/2)}\dot\varphi$$

Si ha
$$V = 2mg5r\cos\theta = -2mg5r\frac{\overline{CB}^2}{72r^2} + cost = -\frac{5mgr}{36}(\frac{\varphi}{2}+6)^2 + cost$$

Sia $\boldsymbol{k}$ il versore verticale, $\hat{\boldsymbol{r}}$ il versore nella direzione dell'asta, $\boldsymbol{u}$ il versore nella direzione $\boldsymbol{k}\times\hat{\boldsymbol{r}}$. Il moto del corpo rigido asta-rettangolo si ottiene con la composizione dei moti. Sia K_2 il riferimento del corpo rigido, K_1 un riferimento di un osservatore che gira intorno all'asse verticale guardando l'aeroplano sempre di fronte a se', e sia K_0 il riferimento del piano. Allora
$$\boldsymbol{\omega}_{01} = \dot\varphi \boldsymbol{k}$$

$$\boldsymbol{\omega}_{12} = \dot\theta \boldsymbol{u}$$

e quindi
$$\boldsymbol{\omega}_{02} = \dot\varphi \boldsymbol{k} + \dot\theta \boldsymbol{u} = \dot\varphi \boldsymbol{k} + \frac{1}{12\cos(\theta/2)}\dot\varphi \boldsymbol{u}$$

Sia $\boldsymbol{v}$ il versore di direzione $\hat{\boldsymbol{r}}\times\boldsymbol{u}$. Una terna principale è $(\hat{\boldsymbol{r}}, \boldsymbol{u}, \boldsymbol{v})$ che corrisponde alla stessa matrice d'inerzia scritta in precedenza. Inoltre, $\boldsymbol{k}$ non è principale e va scomposto $\boldsymbol{k} = \cos\theta\hat{\boldsymbol{r}} + \sin\theta\boldsymbol{v}$

$$\boldsymbol{\omega} = \boldsymbol{\omega}_{02} = \dot\varphi\cos\theta\hat{\boldsymbol{r}} + \dot\varphi\sin\theta\boldsymbol{v} + \frac{1}{12\cos(\theta/2)}\dot\varphi\boldsymbol{u}$$

qunidi
$$T = \frac{1}{2}mr^2\left\{\frac{1}{3}(\dot\varphi\cos\theta)^2 + (\frac{1}{12}+61)(\frac{1}{12\cos(\theta/2)}\dot\varphi)^2 + (\frac{5}{12}+61)(\dot\varphi\sin\theta)^2\right\}$$

Soluzione esercizio 2

$$T = \frac{1}{2}(\frac{1}{2}(4m)R^2)\dot\theta^2 + 2\frac{1}{2}m(\dot r^2 + r^2\dot\theta^2) = m(R^2 + r^2)\dot\theta^2 + m\dot r^2,$$

$$V = 2\frac{1}{2}kr^2 = kr^2.$$

Le equazioni di Lagrange per r e θ sono rispettivamente

$$m(\ddot r - r\dot\theta^2) + kr = 0, \tag{8.4}$$

$$\frac{\mathrm{d}}{\mathrm{d}t}\left((R^2 + r^2)\dot\theta\right) = 0. \tag{8.5}$$

Le quantità conservate sono l'energia meccanica,

$$E = m(R^2 + r^2)\dot\theta^2 + m\dot r^2 + kr^2,$$

e il momento angolare

$$L = m(R^2 + r^2)\dot\theta$$

Per risolvere le equazioni eliminiamo $\dot\theta$

$$\ddot r = \left[\left(\frac{L}{m(R^2 + r^2)}\right)^2 - \frac{k}{m}\right]r \tag{8.6}$$

Un integrale primo si ottiene direttamente dall'energia

$$E = \frac{L^2}{m(R^2 + r^2)} + m\dot r^2 + kr^2,$$

La soluzione $r(t)$ si ottiene dall'integrazione di questa equazione differenziale, poi sostituendo nell'espressione per L e si risolve per $\theta(t)$.

Dalla (8.4) $c_2 = \sqrt{k/m}$ e dalla conservazione del momento angolare

$$c_1 = \sqrt{\frac{L}{\sqrt{km}} - R^2}.$$

Si noti che c_1 fa annullare la parentesi in (8.6). Nelle soluzioni al punto (c), mentre il valore di c_2 è fissato, il valore di c_1 è quindi arbitrario, basta aggiustare apportunamente L.

La perturbazione al primo ordine si ottiene da (8.6). Se scriviamo $r = c_1 + x$ e espandiamo al primo ordine

$$\ddot x = c_1\left(\frac{L}{m(R^2 + c_1^2)}\right)^2 \frac{-4c_1 x}{R^2 + c_1^2} = -4c_1^2 \frac{k}{m}\frac{\sqrt{km}}{L}x = -4c_1^2 \frac{k^{3/2}}{m^{1/2}L}x$$

quindi la pulsazione delle piccole oscillazioni è

$$\Omega = 2\left(\frac{k^3}{m}\right)^{1/4}\frac{c_1}{\sqrt{L}}$$

La frequenza è $\nu = \Omega/(2\pi)$.

Printed by Amazon Italia Logistica S.r.l.
Torrazza Piemonte (TO), Italy

51667927R00098